养殖致富攻略·一线专家答疑丛书

食用蛙高效养殖新技术有问必答

戴银根　主编

中国农业出版社

本书编委会

主　编　戴银根
副主编　余智杰　王广军　李志元
编　者　戴银根　余智杰　王广军
　　　　李志元　章海鑫　陶志英
　　　　焦　亮　黄春生

　　蛙类在动物学上属于两栖类，经济价值很高，在我国一直作为特种水产动物发展养殖。食用养殖蛙类品种很多，有最早引进的牛蛙，还有近年兴起的黑斑蛙、虎纹蛙等，都有较大的发展，为改善人们的食品结构、提供优质蛋白质和各种风味食材作出了巨大贡献，也成为我国在国际市场上坚挺的出口创汇产品。

　　蛙类的经济价值逐渐为人们所认识接受，其食用价值与保健功能得到了进一步的开发。蛙类肉质细嫩、洁白，富含多种维生素、矿物质和人体必需氨基酸等，营养丰富，既是宾馆、酒店常备的上等食材，也是百姓餐桌上的美味佳肴。据《本草纲目》《中国药用动物志》记载：棘胸蛙有滋补强壮功效，主治小儿痨瘦、疳疾、病后虚弱等，产妇尤佳。从医学保健的观点看，棘胸蛙味甘性平，入心、肝、肺三经，能够健脾消积，可用它来治疗消化不良、食少虚弱等症状。且有清热解毒、滋补强身、清心润肺、滋阴降火、健肝胃、补虚损、解热毒、化毒疮等功效，尤其适宜病后身体虚弱、心烦口燥者食用，对老年支气管炎、哮喘病、肺气肿、少儿营养不良等症，都具有一定的药用功效。因此，蛙类的食用方法、深加工产品不断创新，消费市场持续扩大，蛙类养殖前景向好，促进了食用蛙类养殖产业的发展和技术进步。

　　随着蛙类养殖技术的进一步发展，高效蛙类养殖技术得到推广应用。尤其是国家相关机构对蛙类研究的重视，使蛙类养殖技术得到很大提高。蛙病防治、蛙饲料开发以及各种养殖方式的蓬勃兴起，都有力地推动了蛙类的大规模养殖。特别是许多地方把蛙类养殖当作科技下乡、扶贫攻坚的重要手段,指导农民发展蛙类养殖。蛙类养殖成为农村产业结构调整、精准扶贫、发展农村经济的重要抓手。

蛙类养殖方式的多样化,也是蛙类养殖蓬勃发展的有利条件。蛙类生活习性为两栖性,其对生活环境适应性强,蛙产业发展过程中广大养殖户与科技工作者创造了多种蛙类养殖方式。既有集团式规模化水泥池养殖,也有千家万户式的庭院养殖;既可以在池塘或水泥池中饲养,也可以在大水面或稻田中饲养;既可以在网箱或水泥池中精养,也可在沟渠、塘坝、沼泽中进行粗养。广大农民可以根据各自的资金、场地灵活发展。

为了进一步推广食用蛙类养殖技术,促进蛙类新的养殖技术应用,本书以美国青蛙、虎纹蛙和棘胸蛙为例,用问答的形式介绍了蛙类的高效养殖技术,供广大蛙类养殖业者参考借鉴,也可作为相关部门开展技术培训、指导生产的用书。由于时间仓促,书中难免有不足之处,期望读者不吝指正,以便再版时进行完善。

编　者

2017 年 1 月

目 录

3 第三章 虎纹蛙 ·············· 38

第一章 蛙类养殖设施建设

1. 现阶段我国主要养殖的食用蛙类有哪些?

现阶段,我国形成规模养殖的主要蛙类有:牛蛙、美国青蛙、虎纹蛙、棘胸蛙和中国林蛙5个品种。其中,牛蛙、美国青蛙是从国外引进的养殖蛙类,属大型水栖型的静水生活型蛙类,牛蛙个体比美蛙略大,其他养殖条件相同,适合设施渔业高密度养殖。虎纹蛙又称水鸡,国家Ⅱ级重点保护动物,广泛分布于我国长江流域以南。雌性比雄性大,体长可超过12厘米,体重250~500克,目前开展人工养殖均需获得行政许可。棘胸蛙属水栖型中的流水生活型蛙类,主要分布在南方,是我国较大型的野生食用蛙类,市场价值较高,养殖规模较大。中国林蛙属陆栖型中草丛生活型蛙类,主要分布在东北三省,生活在近水的草丛中,有少量的养殖。

2. 蛙类的营养价值有何特点?

蛙类营养价值独特。棘胸蛙肉中富含18种氨基酸,其中8种人体必需氨基酸含量较高,占氨基酸总量的40.23%。还有丰富的葡萄糖、铁、磷及维生素A、B族维生素等10多种人体所需要的营养成分,其中脯氨酸和丙氨酸尤为丰富;蛙肉、蛙皮中富含高度不饱和脂肪酸中DHA(二十二碳六烯酸)和EPA(二十碳五烯酸),在棘胸蛙肌肉中DHA含量为3.35%,EPA含量为3.7%,蛙皮中DHA含量1.14%,EPA含量1.54%。蝌蚪能乌发驻颜、清毒净疮;蛙卵有明目之功用。蛙味甘性平,入心、肝、肺三经,能健脾消积,可治疗消化不良、食少虚弱等症状,且有清热解毒、清心润肺、滋阴降火、补虚损、化毒疮等功效，尤其适宜病后身体虚弱、心烦口燥者食用。蛙的皮肉中含有能使人体子宫收缩的缓激肽，对产后恢复具有一定效果。蛙肉入药有消肿、解毒、止咳的功效。美蛙肉和虎纹蛙作为高档食材，其肉质细嫩，营养丰富，味道鲜美。口感和营养优于鱼肉和猪、牛、羊肉，是一种高蛋白质、低脂肪、低胆固醇，且别具风味的野味珍品，是国宴上名贵菜肴，被列为当今世界九大名菜之一。

3. 蛙类养殖有哪些优势？

和其他养殖业相比，养殖蛙类具有明显优势：①场地容易找。既可以集约化生产，又适合庭院养殖，还可以在山区溪流边增殖放流。②效益相对高。投资可大可小、风险小、效益高的产业，且市场容量大，前景广。③技术成熟易推广。蛙类繁殖、养殖技术趋于成熟，生长周期短、人工养殖技术比较容易掌握。

4. 蛙类养殖技术发展状况怎样？

蛙类养殖在我国主要经历了三个阶段：一是改革开放前的野生蛙收购阶段。一般做法是由外贸部门设立收购点，将野生蛙收集，统一销售到中国香港、澳门等地。二是 20 世纪 80 年代开始小规模试养阶段。随着市场需求增加，野生蛙资源不断减少，促使一些养殖户开展小规模的驯养、繁殖和增养殖试验。一般是养殖户在周边的山区山沟边围建养殖场，将捕捉到的野生蛙放入场内，投喂一些活饵料，既可自行繁殖，又能增加产量。三是 20 世纪 90 年代后的稳步发展阶段。这个阶段，科技人员已经对棘胸蛙的生物学特性、人工繁殖和增养殖有了进一步研究，人工驯养繁殖技术得到突破，也形成了一套较成熟的增养殖技术模式。牛蛙、美国青蛙、虎纹蛙、棘胸蛙（石蛙）、中国林蛙等都可以实现人工繁殖，牛蛙、美国青蛙、虎纹蛙的人工饲料也已经解决，棘胸蛙的活饵料培养技术成熟。蛙养殖业已从广东陆续扩展到上海、江西、广西、云南、福建、贵州、湖南、湖北、安徽、四川、江苏、山东、辽宁、河南等地区，出现了许多稻田养殖、沼泽地养殖、池塘养殖、场区养殖、网箱养殖、室内养殖和家庭庭院养殖等类型。

5. 蛙类养殖中还存在哪些问题？

　　主要存在三大问题：一是分品种技术开发不平衡，亟待完善。如牛蛙、美国青蛙技术成熟，但集约化养殖基地亟待解决养殖环境污染处理问题；棘胸蛙亟待解决饵料配套技术和繁养殖技术提升；中国林蛙只适合北方气候和森林林下条件生长，遇南方夏季高温、暴雨雨淋时死亡率很高。二是市场风险。引进的两种蛙类近年来发展较快，价格波动较大，导致养殖规模大起大落，养殖者面临风险大。本地蛙价格高，养殖规模难于迅速扩大，容易引发大量捕获天然蛙，引起资源下降。三是疫病防治技术亟待提高。近年来，引进蛙的养殖规模迅速扩大，蛙的发病率、死亡率也随之增加。由于蛙发病后一般不取食，因此很难通过食物给药进行控制，因此，蛙病重在预防，严格进行饵料、场地环境等环节管理是有效的措施。

6. 什么地方适合建设蛙养殖场？

　　蛙类的两栖型、野生性、变温性及特殊食性等生活习性要求，决定了蛙类场址应选择在水陆环境安静、温暖、植物丛生、浮游植物与虫类繁多的场所。养殖场地面最好稍向东南方向倾斜，以便增大阳光照射面积，光照强，水温上升快，利于蛙类及其饵料的生长繁殖。场地水质要适合蛙类生长，未被污染，水位应能控制自如，池水更换、排灌方便。养殖场最好建在能蓄水的黏质土壤，可减少因建造水泥池防漏耗费的成本。同时养殖场宜建在交通方便的地方，利于运输、节省时间和运输费用。安装诱虫灯、排灌及换水、饵料加工等都需要电力，所以养蛙场应建在电力供应充足的地方。此外，养殖场应建在饵料丰富的地区，或者在该地区有丰富而廉价的生产饵料的原料及土地，以便养殖池培育浮游生物，养殖蚯蚓、蝇蛆等。另外，蛙类养殖场需具备工作用房、简易宿舍、存放用具的仓库、水泵等，还要考虑

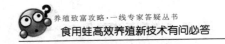
其规模大小所要求的建场面积是否满足。

7. 怎样建设规划蛙场?

蛙类养殖场的建设规划要根据养殖规模,发展目标而定。首先,要划定功能区。各功能区面积要确定合理的比例,满足科学合理的技术流程和土地效益最大化原则。其次,各分区单体建筑要满足养殖规范。养殖池可分为种蛙(产卵)池、孵化池、蝌蚪池、幼蛙池、成蛙池等。各种养殖池的面积比例大致为 5∶0.05∶1∶10∶20;对于种苗场,可适当缩小幼蛙池和成蛙池所占的面积比例,相应增加其他养殖池所占的面积比例。各类蛙池最好建多个,但每个蛙池的大小要适当。过大则管理困难,投喂饵料不便,一旦发生病虫害,难以隔离防治,造成不必要的损失;过小则浪费土地和建筑材料,还增加操作次数,同时过小的水体,其理化和生物学性质也不稳定,不利于蛙类的生长、繁殖。此外,养殖池一般建成长方形,长和宽的比例为(2~3)∶1。再者,蛙类养殖场还要注意建养殖废水处理设施,做到可持续发展。

8. 一个养蛙场需要建设哪几种蛙池?

一般来说,一个养蛙场需要建以下几种蛙池。

(1) 种蛙养殖池 又称产卵池,用于饲养种蛙和供种蛙抱对、产卵。产卵池的建筑环境要近似自然的生态状况,选址要较为僻静的地方。

(2) 孵化池 有水泥池和土池两种,以水泥池的孵化效果为最好,其壁面要光滑,以便于转移蝌蚪。可设置多个,不同时期产的卵需分池孵化。

(3) 蝌蚪养殖池 也称转换池,用于饲养处于不同发育时期的蝌蚪。采用水泥池比土池易管理,成活率高。需设若干个,以便分批饲养不同时期的蝌蚪,几个蝌蚪池可集中建设在同一地段毗邻排列,便于统一管理。

（4）**幼蛙养殖池**　用于养殖由蝌蚪变态后 2 个月以内的幼蛙。土池的使用效果不及水泥池，但造价低。若用水泥池，可以在池壁开设人工洞穴供蛙类越冬。

（5）**成蛙池**　是蛙类养殖场的主要部分，大小、排灌水、适宜生态环境的创造与幼蛙池相仿，但建池面积可稍大些，规模较大的养殖场可多建几个成蛙池，将大小、用途不同的成蛙分池饲养。

第二章 美国青蛙

9. 美国青蛙外形有什么特点？与牛蛙有什么区别？

美国青蛙成体和幼体有着完全不同的外形。成体无尾，可以明显地分为头、躯干和四肢3大部分。蛙类的幼体称为蝌蚪，一般生活在水中，外形似鱼，身体分为头、躯干和尾3部分。

（1）头部　美蛙的头部较小而狭长，头长比头宽长，呈黄褐色，有黑色斑点或斑纹。头部包括口、鼻、眼、鼓膜、声囊等。嘴扁圆而钝，口前位且口裂深，较大为弧形。眼呈圆形，明显外突，位于头部最高处之两侧。眼有上、下眼睑，连接在眼睑的上方有一层内折叠透明的瞬膜，平时在下，当潜入水中时可以向上移动遮住眼球，起保护作用。眼前方有2个小鼻孔，鼻孔上有瓣膜。眼的后方有1对近似圆形的鼓膜，起听觉作用，雌性鼓膜小，雄性鼓膜大。蛙口腔内的舌软厚而多肉，前端固着在口腔底部，后端有缺刻，能自由翻卷，当捕食时，舌的后端翻出，将食物卷进口中，囫囵吞下。舌的表面是黏液腺和乳状小突起，能分泌大量的黏液，舌头分为二叉，伸出的舌头以其底面黏卷昆虫后送入口腔。雄蛙的咽侧下还有1对外声囊，有声囊孔与口腔相通，鸣叫时声音大。瞳孔的形状为椭圆，虹膜为金黄色，夜间瞳孔放大，几乎占据整个眼面，用手电照射观察是呈晶莹的淡蓝色或淡绿色。美蛙在强光照射下往往不动，利用该特点可夜间捕捉。

（2）躯干部　美国青蛙躯干部分与头部直接相连，没有颈部，头部无法自由转动。躯干部分短而宽大，内部包容内脏器官。躯干末端有一泄殖孔，是美国青蛙排泄粪便、尿液和产卵、排精的通道。美国青蛙皮肤光滑，无疙瘩，内有黏液腺，可分泌黏液以保持皮肤湿润，以利于呼吸。为保持皮肤湿润，美国青蛙需要经常进入水中。形态结构适合于水陆两栖生活方式。美国青蛙体色随环境的改变而改变，生活在光线充足的环境中一般呈淡绿色，在黑暗地方生活或营养不佳的蛙，体表常呈褐色。腹部为灰白色，背部及后肢有圆形或椭圆形斑纹。

（3）四肢　前肢较短小，有四指，指间无蹼，后肢粗长，肌肉发达，有 5 趾，趾间有发达的蹼。美国青蛙体壮结实，其后肢肌肉特别发达，经测量，同体重的美国青蛙和牛蛙，美国青蛙的后肢比牛蛙后肢重 10% 左右。美国青蛙与牛蛙的区别见表 2-1。

表 2-1　美国青蛙与牛蛙区别

美国青蛙	牛　　蛙
①头长比头宽略稍长，头较小，形似青蛙，呈黄绿色	①头长与头宽几乎相等，头较低大且扁，呈鲜绿色
②眼小凸出，鼓膜明显，但不发达	②眼大凸出，鼓膜明显较大
③背部沿中线有一条明显纵肤沟	③背部有极细微的肤棱，没有明显肤沟
④四肢发达粗大，不善跳跃，后肢肌肉粗大，较牛蛙重	④四肢发达，善于跳跃，后肢肌肉较美国青蛙小
⑤性情温和，不善于跳跃	⑤性情好动，见人就跳
⑥水温 5℃ 以下开始冬眠，10℃ 以上活动摄食	⑥10℃ 以下开始冬眠，在 15℃ 以上活动摄食
⑦鸣叫声小，平时不常鸣叫	⑦鸣叫声大，酷似黄牛

（4）蝌蚪　刚孵出的早期小蝌蚪，口部尚未出现开口，不摄取食物，眼与鼻孔依次出现，头部腹面有吸盘，借此可固着于水草等物体上；头侧有外鳃执行呼吸功能。尾部细长，是蝌蚪游泳的推进器。尾部有分节的尾肌，肌节的上、下方有薄膜的尾鳍。不久口出现，吸盘消失，外鳃萎缩，内鳃出现，咽部皮肤褶与体壁愈合而成为鳃盖。体表保留一个出水孔。出水孔位于体左侧或位于腹面中部或在腹面后方。呼吸功能由鳃腔内的内鳃执行。此后，随着肺的发生，蝌蚪可游到水面上直接呼吸空气。肛门位于腹面体、尾交界处。

蝌蚪具有一系列适应水中生活的器官，呼吸器官是鳃，生活习性与鱼类相似，因此蝌蚪的饲养方法与"四大家鱼"鱼苗、鱼种的培育

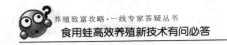
方法相似，但与成蛙的养殖方法完全不同。

10. 美国青蛙的习性是什么?

(1) 生活习性 美国青蛙主要生活在有水草的淡水中，在水中抱对、产卵。蛙卵在水中孵化。蝌蚪一直在水中生长，即使短时间离水也会死亡。变态后的幼蛙开始营水陆两栖生活，但以在水中生活为主。美国青蛙的皮肤保水性能较差，不能防止水分蒸发，故美国青蛙喜潮湿，以便皮肤经常保持湿润，维持其正常呼吸功能。如在干燥空气中超过 20 小时便会死亡，幼蛙在干燥的空气中日晒 30 分钟就会导致死亡。所以美国青蛙很少离开水域环境。

美国青蛙具有定居和群居的习性，往往是几只或几十只同时栖息在一个洞穴中。在大水面的水草上或池塘养殖的遮阳处，经常几十只或几百只共栖一处。其栖息环境大致固定，在适宜的环境里，一经定居，便不再迁徙或逃逸。在繁殖季节，美国青蛙常集群迁移到环境优良的水陆场所，进行抱对、产卵，然后再返回原栖息地。如果生存环境恶化，美国青蛙会集体进行迁移。

美国青蛙性情温驯，见人不惊，在人工饲养条件下，一般不会外逃。美国青蛙喜温暖，但有畏光性，切忌强光直射。美国青蛙喜欢栖息于植被茂盛，温暖潮湿的水域环境，如江河、湖泊、沼泽地等。美国青蛙的栖息地要有一定的植被条件，给美国青蛙提供一个阴凉、湿润的生活环境，便于美国青蛙躲藏。在大水面浅水处长有浮水植物（如马来眼子菜、金鱼藻、水浮莲等）地方，它蹲在水草上，全身淹没在水中，仅头部露出水面，如有惊扰便立即潜入水中。习惯昼伏夜出，白天常将身体悬浮于水中或栖息于岸上，水面物体上，可长时间安然不动。只是到了晚上，才频繁活动，沿岸觅食或嬉戏，显得异常活跃。池中种植一些杂草，除了能供美国青蛙躲避外，还能将美国青蛙粪便作为肥料供杂草生长，起到改善水质的作用。

美国青蛙喜游泳、爬行，在池塘养殖中，经常从水中爬上岸来觅食。美国青蛙后肢肌肉虽然发达，但不善跳跃，防逃设备高度 0.8~1 米即可拦住。美国青蛙是变温动物，但它适温性广，抗寒能力比牛蛙强。温度在1~37℃均能生存，生长适宜温度为18~32℃，最适温为25~28℃。当温度达35℃以上，美国青蛙则感到不适，导致部分死亡，达到40℃时，则全部死亡。当温度15℃时，活动减慢，摄食减少。到5℃以下，便进入冬眠状态。越冬时蛙大部分伏在水底冬眠，少数钻入池底淤泥中越冬。蝌蚪越冬一般在池底不动，当天气晴好，中午池水表面温度略有上升，可看到蝌蚪在水中活动。

美国青蛙要求水质清新，pH为6~8，溶解氧不低于3毫克/升，含盐量不能高于0.2%。因美国青蛙经常在水中活动，其排泄物容易污染水质，特别是高密度养殖美蛙，更容易导致水质破坏，所以每隔1~2天就要换一次水，每次换水量为总水量的1/3。

（2）食性　刚孵出的蝌蚪依靠自身卵黄供给营养。经过3~4天开始摄食水中的浮游生物和水中有机碎屑等。蝌蚪期为杂食性，植物性、动物性都能食用，人工养殖情况下，与鱼苗阶段所需饵料相似。蝌蚪的开口饵料以蛋黄水和豆浆为主。蝌蚪的中、后期，可以投喂人工配合饵料，还可以投喂少量的瓜果、蔬菜等。在蝌蚪长腿之前，食性为植物性；长出腿后，食性偏动物性；至变态成幼蛙，食性完全转变为动物性，且习惯捕食小鱼虾、蚯蚓、蝇蛆、蚱蜢、蚊虫等活饵，很少吃"死饵"。

当蝌蚪变态成幼蛙、长成成蛙，这阶段对饵料有特殊要求，即非活饵料不吃，对死饵包括死的动物饵料和植物饲料根本不理睬，主要喜食小型动物，如蚯蚓、黄粉虫等小昆虫、小鱼虾和其他一些甲壳动物，甚至连麻雀、小蛇、鼠等也能吞食。现在通过科学驯食，美国青蛙也可摄食死饵和人工膨化颗粒饲料。美国青蛙摄食方式是当发现活的动物时，由蹲伏猛捕过去，动作迅速而准确，食物进入口腔，有时用前肢辅助而吞下，并不咀嚼。发现食物，并不是连续吞吃，而是捕到食物吞下后，静蹲一会再捕食。

经多年人工养殖驯化，美国青蛙蝌蚪期开始就可以摄食人工配合饲料。

美国青蛙食量极大，在适宜的水温范围，美国青蛙摄食量（鲜活饵料）可达10%，或可吃食5%的膨化颗粒饲料。它也具有较强的耐饥能力，可以忍受1~2个月饥饿。但在食物缺乏时，美国青蛙会相互残食，出现大蛙吃小蛙，蛙吃蝌蚪的现象。因此，人工饲养美国青蛙，应按规格大小分开饲养，同时供给足够的饲料。

(3) 生长 美国青蛙生长速度较快，从蝌蚪养殖到250克成蛙需要6～8个月时间。美国青蛙的蝌蚪时期，完全生活在水中，用鳃呼吸，所以要求水质肥而爽。水的适宜pH为7.5～8.5，水中溶氧量不低于3毫克/升。蝌蚪变态成幼蛙，一般需2～3个月。为缩短蝌蚪变态期，一是保持池水有较高的水温，恒定在28℃左右，二是蝌蚪发育的后期增加动物饵料的投喂量，动物性饵料要增到50%以上。

美国青蛙蝌蚪变态成幼蛙后，其幼蛙生长速度的快慢主要取决于温度的高低和饵料的组成。一般幼蛙（体重10～20克）养殖3～5个月后，其体重可达300～500克，此时可作成蛙出售。一般当年5月前后繁殖的蝌蚪，7月可完成变态，此时幼蛙体重仅4～7克，饲养到10—11月，个体重可达200克左右的商品规格，继续饲养到来年4月，个体重达300克以上，达性成熟，可进行繁殖。

(4) 繁殖习性 美国青蛙的性成熟年龄在自然条件下，一般为2年。在我国南方地区，1年就可性成熟，甚至6～7个月就可以达到性成熟。美国青蛙繁殖季节为4—9月，产卵水温18～32℃，最适水温24～28℃，4月清明前后，水温达到18～20℃以上时，性腺成熟的雄蛙鸣叫不止，雌蛙腹部膨大、富有弹性，即将开始交配产卵。产卵盛期在4月底到6月初。一般情况下，美国青蛙一年产卵1次，也可一年产卵2次，即春繁和秋繁各1次。水温低于18℃时，蛙不发情产卵，即使人工催产效果也不佳。成熟的美国青蛙雌雄很容易鉴别，雄蛙咽喉部呈黄色，且前肢的第一指内侧有一婚姻瘤，雌蛙咽喉部为灰白色，无婚姻瘤。

美国青蛙产卵场所，一般在水质较清、环境安静、行人稀少、避风并长有水草的浅水区域。美国青蛙发情时，雄蛙找到适宜的环境，高声鸣叫，引诱雌蛙，当成熟雌蛙游到雄蛙附近时，雄蛙便追逐雌蛙，雄蛙伏在雌蛙背上，依靠前肢第一指的发达婚垫夹住雌蛙的腹部。经过数小时，甚至1～2天的抱对，雄蛙用前肢紧抱雌蛙腋下，做有节奏的松紧动作，刺激雌蛙产卵，接着雌蛙两后肢伸展呈"八"字形，臀部朝上，其他部分沉入水中，借助腹部肌肉的收缩和雄蛙的抱握协助，将卵子产生。与此同时，雄蛙排出精液，精子与卵子在水中结合受精，形成受精卵。整个产卵抱对过程比较长，雌蛙排卵时排时停、断断续续、多次排卵，每次排卵时间为 15～25 分钟。美国青蛙的卵为圆形，卵径约 0.1 厘米，卵外包有胶质膜，卵子产入水中，胶质膜吸水膨胀。卵粒因胶质膜的黏性而彼此粘连成块状，俗称卵块。卵块的大小，依每次排卵数量的多少而不同，一般直径为 20～50 厘米。卵块胶状物像棉絮一样，其上有密密麻麻的黑点，即卵粒。卵块常黏附在水浮莲或其他水草的根须上。产卵时间多数在雨过天晴后的 05：00—08：00，有的蛙在中午也可产卵。亲蛙的抱对产卵活动，必须在水中进行。

美国青蛙的产卵量与个体大小、年龄及营养水平有关。达到性成熟的雌蛙，个体愈大，产卵量愈多；反之个体小，产卵少。一般 300～500 克的雌蛙，产卵量为 2 000～5 000 粒，个别体重较大的产卵量可达 20 000 粒。3 龄蛙的产卵量比 2 龄蛙的多；超过 5 龄后，个体产卵量又下降。

11. 怎样选择培育美国青蛙种蛙？

（1）亲蛙培育池　也作产卵池，应尽量修建在比较安静的环境里。一般用水泥池为好。面积 10～20 米²，池深 1 米左右。池内要留出 1/3 的陆地供亲蛙上岸休息，修建陆地入水处要有一定的坡度，以方便亲蛙上岸。在陆地上可以种植一些瓜果或蔬菜植物，或搭建遮阳棚为亲蛙遮阳。池水要求深浅不一，深水区 0.6～0.8 米，浅水区 0.1～0.4 米，比例约为 1：2。水中可以移植一些挺水类的水生植物或水葫芦等。在亲蛙池上、下要对角设置进水口和排水口。进水口、排水口要设置栏网，防止美国青蛙逃逸和敌害生物的入侵。另外在蛙临近产卵和产卵期间水池的水深要经常保持在 0.5 米左右。水太浅，夏天猛烈的直射阳光会使水温迅速升高，易造成蛙卵死亡，还会因昼夜水的温差过大，易导致种蛙生病。

（2）亲本选择与放养　选择优良的蛙作为种蛙，能不断优化蛙群的生长性能，提高产卵率、受精率及后代的素质。美国青蛙 7～8 月龄即性成熟，此时即可用作配种，2龄的雄雌蛙精力最旺盛，受精率、产卵率最高，以后随着年龄的增长，则产卵量、受精率逐渐下降，故做种用的蛙最好采用1～3龄的。应注意选择那些健壮、体重0.35千克以上、雌性腹部膨大、雄性咽喉部黄斑显著鸣叫声高昂的成蛙作种。

合理的放养密度对亲蛙性腺发育极为重要。一般体重350克以上的亲蛙，每平方米放养6～10只；到繁殖季节再筛选1～2次，减少至每平方米2～4只，雄雌配比1∶1为宜。

(3) 管理　亲蛙管理总的原则是产后补偿体力消耗、秋冬季积累营养、春季促进性腺发育。

①产后培育。雌雄亲蛙经产卵排精后，应及时把已产卵的亲蛙转放专池饲育，喂以高蛋白质、低脂肪的饲料，并适当增设些多汁的鲜活饵料，如太平2号蚯蚓，无菌蝇蛆、黄粉虫、小鱼虾等，为亲蛙迅速复原创造良好的生活条件。经1个月培育，亲蛙性腺开始再次发育，此时，摄食旺盛，应强化投饲，适当增投些高蛋白质、高脂肪、高能量的饲料，并增加投喂次数，日投喂2～3次，使其饱食。为翌年性腺发育奠定物质基础。

②秋、冬季培育。随着水温降低，亲蛙摄食强度逐渐下降，这时投喂次数和投喂量相应减少。但为了能在越冬前积累大量养分，此时可投喂以高蛋白质、高能量饲料为主（占60%），同时适当补充鲜活可口饵料（约占40%），延长亲蛙冬季进食时间。

③春季培育。开春后，捞除池中的水生植物，增加光照，提高水温，尽早开食。开始投喂小活鱼，蚯蚓、蝇蛆等活饵。待水温回升，应多喂富含蛋白质，特别是甲硫氨酸、赖氨酸、维生素E丰富的食料，以使种蛙积累营养物质，促进性腺成熟，增加怀卵量和提高雄蛙的配种能力。相反，高脂肪、高热量饲料则应少投，以免亲蛙腹部脂肪过多导致难产。在产卵前1～2个月，还可有意投放一些天然活饵料，让亲蛙自然捕捉，以适当增加活动量。在整个培育期间，要保持水质清新、环境安静。临近产卵时，亲蛙会明显减少摄食量，甚至停止摄食，这表明性腺已充分成熟，可进行人工催产。

12. 怎样保持美国青蛙的种质不退化？

（1）严把种蛙选购关　养殖者应选择纯正的种蛙。商品蛙不能作为种蛙，采用商品蛙作为种蛙会出现个体偏小、生长缓慢、抗逆性差、品种性能严重退化。

（2）培育后备亲蛙，提纯复壮　种蛙培育，提纯复壮应采取如下措施：

①精心挑选、多次选剔。在蝌蚪和幼蛙阶段挑选生长速度快、体质健壮、种质特征明显的蝌蚪和幼蛙培养。要不断淘汰伤残、带病、个体小、皮肤无光泽、行动迟缓的个体。

②低密度养殖。后备亲蛙养殖密度要比商品蛙养殖要低。

③饲料要精良，营养全面，饲料粗蛋白质含量达 26％以上。增加光照，减少蝌蚪池、蛙池水面的水生植物放养量，增加蝌蚪、蛙的活动量。在蛙池投放些活饵如蝗虫、小杂鱼等，或安装 40 瓦黑光灯，晚上引诱昆虫，让蛙跳跃捕食，也可增加蛙的活动量。创造良好的养殖环境。保持良好的水质，制定与良种相匹配的养殖制度。

（3）定期交流种蛙　各养殖场要保持相对规模的繁殖种群，扩大随机交配群体。还要定期引进优良种蛙与本场种蛙交配，避免长期近亲繁殖。

13. 怎样鉴别美国青蛙的雌雄？

美国青蛙在幼蛙期，性别不易区分。成蛙期，雌雄区别主要根据以下几个特征（表 2-2）。

表 2-2　美国青蛙雌雄区别

特征	雄　蛙	雌　蛙
鼓膜	较大，其直径大于眼径	较小，其直径与眼径同大或稍小
咽喉部颜色	黄色	灰白色
婚垫	生殖季节，前掌出现明显的婚垫	没有

（续）

特征	雄　蛙	雌　蛙
体形	体型较大，鸣声洪亮	较小
其他		肛门处常出现一长约0.2厘米的灰白色突出物

14. 美国青蛙是怎样繁殖的?

（1）自然繁殖　在水温稳定在18℃以上，美国青蛙进入繁殖期，此时向种蛙池中投放水草，作为美国青蛙产卵的附着物。成熟的雌雄美国青蛙，在同一水体中，只要有浅水区，有水草，水温稳定在18℃以上，便能自然抱对、产卵受精。在自然状态下，各地产卵季节稍有差异，在广东地区，3月中、下旬即开始，在江西以则要到清明前后当水温上升到16～18℃时，雌、雄蛙才抱对产卵。以后随着水温升高，群体产卵活动逐渐达到高峰。美国青蛙产卵多集中于凌晨，很少在下午产卵。尤其是雨后天晴的早晨，产卵活动异常活跃。雨天则产卵较少。每晚向池中加注新水，有利于刺激亲蛙产卵。抱对期间保持环境安静，以免因人为干扰导致抱对亲蛙分开，影响美国青蛙的繁殖。

（2）人工催产　自然繁殖时，由于亲蛙成熟度不一致，产卵时间也早晚不一，零星进行，不利于规模生产，为了使雌蛙产卵集中，获得大量同规格的蝌蚪，便于生产管理，可用药物进行人工催产。

①催产时间。催产时间根据水温、天气以及亲蛙发育程度等多方面确定。雄蛙频频鸣叫，亲蛙摄食量明显减少表明亲蛙已经进入发情期；连续3～4天晴好天气、水温稳定在18℃就可以开展人工催产。在温室大棚培育的种蛙根据种蛙发育情况进行人工催产，一般比自然界要早，有利于延长美国青蛙养殖周期。

②成熟亲蛙的选择。要求雌蛙腹部膨大，饱满而柔软；卵巢轮廓可见，富有弹性，用手轻摸腹部可感到成熟的卵粒。雄蛙咽喉部黄斑明显，前肢婚垫突出，鸣声高昂，可以催产。

③催产药物及其配制。常用的催产药物有促黄体生成素释放激素类似物（LRH-A）和绒毛膜促性腺激素（HCG）及地欧酮（DOM）。常采用 HCG 与 LRH-A 混合使用。常用剂量为，每千克蛙体重用 20～25 微克 LRH-A＋800～1 000 国际单位 HCG＋20～25 毫克 DOM，雄蛙剂量减半。或每千克蛙体重用 200～250 微克 LRH-A＋800～1 000 国际单位 HCG 混合肌内注射，雄蛙剂量减半。配制药物前先测算催产亲蛙的体重和药量，再以每只蛙注射 0.5～1 毫升药量为依据，计算出注射用水（0.65％生理盐水或蒸馏水）的总量。将药物全部溶解于注射用水制成药液。

④注射与产卵。药液配好后要及时注射。注射方法分为臀部肌内注射、腹腔注射和腹部皮下注射三种。臀部肌内注射是在大腿内侧肌肉厚实处以 45°角刺入 0.7～1 厘米深注入药液。腹部皮下注射可一人捉住亲蛙，腹部朝上；另一人一手拈离腹部皮肤，另一手持注射器，针头朝向蛙头方向与蛙腹面成 15～30°角进针，深度以不穿透腹部肌肉层为宜。腹腔注射是在腹中线偏左或偏右 1～2 厘米处按 45°角进针，深度凭手感以穿透腹部肌肉层为宜。进针后徐徐注入药液，注射完毕快速拔出针头，并在退针处稍稍按一会儿，防止药液外溢。注射催产药物之后，将亲蛙静置清洁容器中（保持阴凉）0.5 小时，如发现其皮肤颜色变黑，表明催产有效，才可放入产卵池。经 6～8 小时，雄蛙鸣声高昂，开始追逐拥抱雌蛙，雌、雄亲蛙经 1～2 天的抱对，完成产卵受精。在水温 22～25℃时，从催情到产卵整个过程需 40～44 小时。如注射后超过 10 小时还未见抱对行为，可加注第二针，剂量为第一针的 80％。

15. 美国青蛙蛙卵怎样孵化？

（1）**人工捞卵** 蛙卵产出后 20～30 分钟，受精卵外膜吸水充分膨胀，动物极朝上，从水面可以看到一片灰黑色的卵粒时，可将卵块连草带水捞起，轻轻装入盆内，再慢慢倒进孵化池中孵化。尽量不要惊动正在抱对产卵的亲蛙。

（2）**孵化设备** 选择不同的孵化设备。如水泥池、网箱、各种盆器等。一般的养殖场用蝌蚪培育池作孵化池。要求水源方便，面积 5～20 米²，池深 60～70 厘米。现成的鱼苗孵化池也可就便使用。孵化网箱采用 40 目*筛绢布缝制，面积 1～2 米²，箱体高约 50 厘米。通常置于清水池塘或河道中进行孵化。如蛙卵数量不多，也可用水族箱、缸、盆等小容器静水孵化。受精卵放池前几天，应将孵化池刷洗一遍，用 1‰的高锰酸钾溶液消毒一次，再用清水冲洗后注入清洁水。

(3) 孵化管理　水泥孵化池每平方米放卵数量为 3 000～6 000 粒，网箱每平方米可放卵 6 000～10 000 粒。胚胎发育的适宜水温为 20～30℃，早期孵化，水位可浅些，20～30 厘米，以利于增高水温，利于卵的孵化。后期产的卵水温已经上升到适宜温度，此时要防止阳光曝晒，此时孵化池上要搭遮阳棚，池水也要深些，有利于水温的稳定。盛夏孵化必须加深池水，以防水温过高，影响胚胎发育。孵化期间，如果遇到高温天气、日照强烈时，可在孵化池的上方搭棚，防止水温骤变和昼夜温差太大，造成胚胎死亡。同时遇暴风雨天气时，可用塑料薄膜遮盖孵化池，防止强劲的暴风雨震荡蛙卵，影响正常孵化。采取静水孵化时，每天换水 1～2 次，保证溶解氧充足。最好采用微流水孵化，但水流不能太大，过急，避免震动卵块，不利胚胎发育。蝌蚪出膜后，逐渐加深水位至 40～60 厘米。

(4) 孵化时间　从受精卵至左、右鳃盖闭合，分 26 个时期。由受精到孵出蝌蚪的时间，随着水温的高低而不同，蛙卵孵化出蝌蚪的时间，随着水温的高低而不同，蛙卵孵化的适宜温度为 20～30℃（最适为 24～28℃）。在适温范围内，温度越高，孵化时间越短，反之则长。当水温 21～24℃时，从受精到出膜需 48～60 小时；水温 28～29℃时，受精后 41 小时胚胎即孵化出膜，受精后 131 小时，左、右鳃盖闭合，完成早期胚胎发育，成为能摄取外源食物的蝌蚪。

---

　　* 目数是指筛网在 1 英寸（25.4 毫米）内的筛孔数，40 目对应的筛孔尺寸为 0.425 毫米，以下同。——编者注

16. 美国青蛙蝌蚪有什么生长规律？

　　蛙卵在适宜水温下孵化出膜，刚孵化出来的蝌蚪，从卵黄囊中吸取营养，其胚胎还要经过 3～5 天，卵黄囊消失，肠管沟通，开始摄食外界食物，可摄食水中的浮游生物。这时不易转池，应在孵化池中使用蛋黄、豆浆喂养 5～6 天，再拉网过数后放入蝌蚪池内。15 天后蝌蚪长至黄豆粒大，蝌蚪摄食生长进入盛期，蝌蚪可以摄食水中的天然饵料如浮游生物，有机碎屑，苔藓等。30 日龄以上的蝌蚪，后肢开始长出进入发育变态阶段，60～80 天完全变态成为幼蛙。

17. 美国青蛙蝌蚪培育池有哪些要求？

　　蝌蚪培育池有水泥池和土池两种，水泥池面积 5～20 米^2，水深 0.6～1 米；土池面积从几十平方米到几百平方米均可，水深以 1 米为好。池两端设有进排水口。土池要求池埂坚实不漏水，池底平坦有少量淤泥，水源充足，水质清新，不受任何污染；池壁坡度要缓，以便蝌蚪变态后登陆栖息。蝌蚪放养前做好池塘清整消毒工作，挖掉过多的淤泥，否则会堵塞蝌蚪鳃部，导致蝌蚪死亡；蝌蚪放养前 7～10 天，再使用生石灰或漂白粉消毒。干塘清池时每亩*用生石灰 50～75 千克；带水清塘时，水深 1 米，每亩用生石灰 125～150 千克；清池后立即安装防逃设施，一般用 1 米高的聚乙烯网片围住池周，网片下部贴 30～40 厘米高的黑塑料布，既可以防变态后的幼蛙逃逸，又可以防敌害生物进入蝌蚪池。水泥池在放养蝌蚪前 3～4 天，用清水洗刷干净，然后用消毒剂消毒，在阳光下曝晒 1～2 天放入新水备用。蝌蚪池水面投放占水面面积 10%～30% 的水浮莲等水生植物，既可起到遮阳作用，又可以净化水质，还可以作为变态幼蛙登陆攀附物。

　　水泥池和土池在使用上各有优、缺点：水泥池水体小，水质易老化，由于放养密度相对较大，培育出的蝌蚪个体也较小，但因为水泥

　　＊ 亩为非法定计量单位，1 亩≈667 米^2，以下同。——编者注

池便于操作管理，成活率高；土池水体大，水质比较稳定，培育出的蝌蚪体质健壮，个体较大，但因管理难度大，易受外界因素和敌害生物影响，所以成活率较低。

18. 美国青蛙蝌蚪培育技术要点有哪些？

（1）放养 刚孵化的小蝌蚪对外界环境的适应能力差，宜在孵化小池或网箱中培育5～6天，放养密度为每平方米1 000～2 000尾。待蝌蚪长到2～3厘米，再转移到面积较大的土池和水泥池中，此时每平方米放养量为300～500尾，以后随着蝌蚪长大，逐渐分级，分稀培育。一般从刚孵出的小蝌蚪育成幼蛙需要分养2～3次，至变态前每平方米放养蝌蚪数量在100尾左右，并且要求同池蝌蚪规格基本一致。也可使用孵化池作蝌蚪池，一次性每平方米放养100～500尾培育成变态幼蛙。蝌蚪应该多大才转移到蝌蚪池中饲养，这对提高蝌蚪成活率十分重要。蛙卵在适宜水温下孵化出膜后，其胚胎还要经过3～5天，卵黄囊消失，开始摄食外界食物，这时不易转移到蝌蚪池中饲养，应在孵化池中投喂蛋黄喂养5～6天，再拉网过数后放入蝌蚪池内。蝌蚪放养时，操作要特别细心，避免蝌蚪受伤。

（2）饲养管理 水质的管理是蝌蚪饲养期间的一项重要工作，它与蝌蚪的生长发育和成活率关系很大。要求"肥、活、嫩、爽"，既要保持有一定肥度，又要保证水质清新、溶氧量高。早期的蝌蚪对溶氧量要求高，所以水中的溶氧量须保持在3毫克/升以上，30日龄以后的蝌蚪，由于肺逐渐发达，蝌蚪可到水面呼吸空气中的氧气，水中溶氧量保持1.5毫克/升以上即可。水中pH应保持在7.5～8.5。水质管理的要点是，根据水色和水质以及蝌蚪的生长情况调节水质。水质过肥，透明度小于30厘米时，要加注新水，一般每5～7天加水15厘米左右。在蝌蚪培育前期，一般要遵循多施肥，少投饵、少换水的原则。每天泼施经发酵腐熟的人畜粪肥50～75克/米^2，以促进水中浮游生物生长繁育，保证有丰富的天然饵料供应蝌蚪；同时视情况，少量地投饵和加注新水。在饲养中、后期，随着蝌蚪的生长，其食量不断增大，水中天然饵料已无法满足生长需要。此时已经进入炎热的夏季，池塘水质转肥，此时应以投饵为主，相应地减少施肥，并多注水，加大换水量，逐渐加深水位，以起到增加溶解氧和调节水温的作用，至蝌蚪变态前，池塘水深可达1米左右。在池上搭盖遮阳棚，池面投放水生植物，防止强烈阳光直射和水温升得过高，影响蝌蚪生长。

蝌蚪池必须保持安静，有利于变态。尤其是变态后期的大蝌蚪体质虚弱，内部器官处于剧烈变化之中，池周围稍有动静，都会影响蝌蚪变态发育。每天早、中、晚巡池，观察蝌蚪的活动。生长良好的蝌蚪常在水中上下垂直游动，或在水面游动摄食饲料。如果池中蝌蚪长时间漂浮露头，不游动、不摄食，表明水质变坏，水中缺氧，或蝌蚪有病，要及时采取有效措施进行处理。巡塘时应及时清理塘边杂草，清除水中杂物、过多的水草、残饵和野生蛙卵。发现天敌与病害，及时清除。

（3）饵料与投喂方式 蝌蚪时期的食性是杂食性，对动物性饲料和植物性饲料均能摄食。在蝌蚪发育的各个阶段，应随其生长投喂不同的饲料品种和数量。

刚孵化出来的蝌蚪，从卵黄囊中吸取营养，5～6天肠管沟通，开始吃食，摄食水中的浮游生物。所以事先可用牛粪、猪粪、草类、豆浆适当培肥池水促使浮游生物繁殖。孵化5～6天的蝌蚪，开始时投放鸡蛋黄、豆浆。蛋黄用法：熟蛋黄糊状，用40目的纱网过滤，化浆，泼洒池中，每天每1万尾投喂熟蛋黄1～2个和少许豆浆，早、晚各喂一次。下塘2～3天后，减少蛋黄的投喂量，过渡到投喂蝌蚪粉。投喂方法是全池投喂，一定要均匀泼洒，因蝌蚪游动缓慢，泼洒不匀，生长不平衡，影响蝌蚪的成活率。

15天后蝌蚪长至黄豆粒大，蝌蚪摄食生长进入盛期，蝌蚪可以摄食水中的天然饵料如浮游生物、有机碎屑、苔藓等。可以驯化至定点摄食，以投喂人工配合饲料为主，蝌蚪粉可以搓成团投喂在人工食台上，补充一些煮熟的鱼肉和蔬菜。

30日龄以上的蝌蚪，后肢开始长出进入发育变态阶段，这时蛋白质需求量大，因此在投喂人工饲料时应提供高蛋白质饲料。改投蝌蚪专用的蝌蚪粒。一般日投喂2次，投喂是为蝌蚪体重的3%～5%。

投喂量应根据天气和水质情况，摄食情况适当调整，天气凉爽水质较瘦，可适当多投，天气炎热而水质又肥则适当少投。

19. 美国青蛙蝌蚪变态期怎样管理?

蝌蚪经过30天左右的培育，后肢开始萌发，进入了变态期，再经20～30天，前肢伸出，不久尾部开始收缩。在尾部吸收的同时，其外部形态和内部器官相继得到发育，如口裂加深变宽，鼓膜形成，舌变得发达，鳃退化而代之以肺呼吸，肠道缩短，食性转化等。此时蝌蚪已不能长时间潜伏水中，需要不时露出水面呼吸空气。当尾部完全消失，各器官发育也日臻完善，变态即完成。尾部开始收缩后蝌蚪不需要摄食外来食物，仅靠吸收尾部供给营养。此时也是蝌蚪最嫩弱的时候，应加强护理。正常情况下，美国青蛙从刚孵化出小蝌蚪至幼蛙形成，整个养殖过程需60～80天，其中变态过程有30～50天。

蝌蚪的变态受环境、气候、季节、饲料、水质、水温、放养密度等多个因素的影响，所以变态成幼蛙的时间很难确定，即使同批蝌蚪，其变态时间的迟早也不一致，持续时间也不一致，需要养殖过程中精心管理。

(1) 要在池内适当投放一些漂浮物体 如木板、塑料泡沫、水生植物等，供变态幼蛙附着栖息，避免处于变态的幼蛙找不到着陆地方而窒息死亡。或者放浅池水，露出部分陆地便于变态幼蛙上陆。

(2) 变态期间投喂 要增投高蛋白质饵料促使蝌蚪的变态，为蝌蚪变态发育提供充足的营养，提高变态率。

(3) 变态后投喂 幼蛙的耐寒能力及生命力远不如蝌蚪。在越冬过程中，幼蛙的饲养管理也比蝌蚪难度大，加上冬眠前后幼蛙饲料脱节，因此往往造成越冬期幼蛙的大批死亡。所以在生产上，常采用两种截然不同的措施：对早孵蝌蚪（4—7月孵出的蝌蚪）常采用多投动物性饲料（尤其是鲜活小动物）和维持适宜的生长温度（25～30℃）、增大放养密度等方法，提早蝌蚪变态时间，以争取在冬眠前来得及增肥，有利于幼蛙的越冬；对于晚期蝌蚪（8月份以后孵出的蝌蚪），则采用控制水温在25℃以下，多投植物性饲料（占60%以上）和适当稀放等方法，有意地延长蝌蚪变态时间，达到以蝌蚪形式越冬的目的。这样可避免因晚期变态幼蛙体质太弱，难以经受越冬期恶劣环境，而导致大量幼蛙死亡现象的发生。

（4）蝌蚪长出前肢后投喂 不需要摄食外来食物，仅靠吸收尾部供给营养。此时视蝌蚪池变态情况要减少投喂，直至不投喂。

（5）勤观察 因为影响蝌蚪变态的因素较多，即使同一池，同一批蝌蚪变态时间也有差异，要求我们勤于观察，及时分池。当大部分蝌蚪完成变态，要按规格转移到幼蛙池集中饲养。刚变态的幼蛙体重与蝌蚪大小有关，一般在 4～7 克。

20. 什么是美国青蛙幼蛙？对培育池有什么要求？

幼蛙是指美国青蛙刚变态到养殖至 50 克这一阶段，此后可以进入下一阶段成蛙养殖。刚变态的幼蛙，捕食能力低，适应性差，因此饲养管理工作要特别细心。

养殖幼蛙一般使用水泥池和网箱，面积 5～20 米^2，深 1 米，前期加水 5～15 厘米，可逐步加水到 0.3～0.5 米，养殖水面不能太大，太大驯食效果不好，故少用土池。水泥池两头设进排水口，网箱架设在池塘或河道等便于水体交换的地方，保证养殖过程中可及时加换水。池中放 2 个 2 米^2 的饲料盘，饲料盘用木头做框，聚乙烯网片作底，以保证饲料盘浮在水面，饲料不会漏掉。也作为幼蛙栖息用。池上方搭遮阳棚。幼蛙放养前，水泥池用漂白粉清洗，检查是否漏水，检查进出水口的防逃设施。网箱提前 7 天下水，检查是否有破洞，清洗网上的淤泥，以防堵塞网眼，新网箱要提前 1 个月下水。

21. 美国青蛙幼蛙养殖要注意什么？

（1）幼蛙的放养 幼蛙个体小，喜欢集群生活，因此放养密度宜高不宜低，也有利于幼蛙驯食。刚变态完成的幼蛙放养密度一般每平方米放养 300 只左右。幼蛙放养时用 3%～4% 食盐水溶液浸浴 15～20 分钟，或 5～7 毫克/升硫酸铜、硫酸亚铁合剂（5：2）浸浴 5～10

分钟。放养池水温与分养前池中水温不能相差超过3℃。幼蛙的质量要求体质健壮，体表无伤痕，无疾病，无畸形，身体富有光泽，用手捉时，挣扎有力，放在地上跳动有力。同一池放养的幼蛙要求大小一致，规格整齐。放养时动作要轻，不要碰伤幼蛙，将容器斜放入饵料台聚乙烯网片上，让幼蛙自行跳入池中。

（2）饲料 刚变态的幼蛙只吃活的动物性的饵料，幼蛙养殖初期的饵料有黄粉虫、蝇蛆、蚯蚓、其他一些昆虫等活饵。经过驯食后可以摄食人工膨化配合饲料、蚕蛹、猪肺、鸡鸭内脏、碎肉、鱼块等死饵。大多数养殖场直接使用人工膨化配合饲料驯食，要求蛋白质含量在40%以上。

（3）投饵量和投喂方式 投喂坚持四定原则，即定点、定时、定量、定质。在池中设饲料台，便于幼蛙的进食，也便于我们检查幼蛙的吃食情况。每天投喂2次，09：00和17：00—18：00各一次，下午占投饵量的70%。投喂量根据幼蛙的数量、大小、体质的强弱、水温、水质和天气变化而调整，一般每天的投喂量为幼蛙体重的2%～5%（表2-3）。

表2-3 幼蛙投饵率参考

月份	6	7
投饵率（%）	2～4	5

（4）日常管理 由于美国青蛙是水陆两栖动物，其管理方法与鱼类的养殖有很大的区别。美国青蛙从幼蛙开始以肺呼吸，要求生活环境安静，特别注意因应激出现病害。蛙类易生寄生虫害，也要采取措施积极预防。坚持早、晚巡塘，注意观察蛙的吃食和生长情况，及时捞除池中污物、残饵，定期检查幼蛙的生长情况，及时捕出池中的生长旺盛的大蛙和生长缓慢的小蛙，适时调整投喂量。

注意水质管理，防止水质变化导致病害发生，每2～3天加注新水一次，在高温季节，蛙类生长较快，饲料投喂较多，水质易恶化，应在加注新水之前更换部分池水。幼蛙池水位不要太深，一般控制在5～15厘米，随着幼蛙的长大，水质变肥，水温升高，可适当加深水位，以适合蛙的生长。高温季节，最好采用流水形式，既能调节池塘水温，又保持池塘清洁。

22. 美国青蛙幼蛙怎样驯食？

由于蛙类刚变态的幼蛙只吃活动的饵料，对静止不动的饵料根本不理睬。这就要对幼蛙进行食性驯化，使之主动摄食，建立摄食死饵（人工配合饲料）的习惯，下面介绍几种常用的驯食方法。

（1）活饵带动法　即将活饵与死饵拌在一起，投放在黄粉虫、蝇蛆、蚯蚓爬不出的饵料台上或者在蛙池四周陆地上挖坑，坑内铺设塑料薄膜，将活饵、死饵一并放在坑内，用活饵的运动来带动死饵，造成蛙误以为死饵为活饵而摄食。驯食过程中，逐步减少活饵增加死饵比例，经 10 天左右，蛙便基本上可吃死饵。

（2）滴水法　饲料台用木框架和聚乙烯网片制作，固定在养殖池水面。在饲料台上方装一水管，使水一滴一滴地滴在饲料台上，水的振动使死饵活动，蛙误以为是活饵而吞食。

（3）饲料台振动法　采用专门设计的饲料台，通电或手动使饲料台转动或振动使投放的饵料不停运动，引诱蛙误以为活饵而吞食。

（4）水流促进法　饲料台用木框架和聚乙烯网片制作，靠近水面安置，在饲料台正下方，安装 2～3 根水管，当水龙头打开时，水冲刷食台网片，使食台中死饵上、下不停地滚动，从而被蛙吞食。

（5）直接驯食法　不使用任何引诱物，在木框架和聚乙烯网片制作的饲料台中，直接投漂浮干饵喂幼蛙使之摄食。该法需改小养殖池，增加放养密度，取消陆栖空间，待蛙饥饿 1～2 天，将适口的干饵投于水面上，由于蛙的活动而带动水的波动，水的波动使浮在水面上的饵料活动，从而使蛙误为是活饵。

上述几种方法都能有效地促进幼蛙食性的驯化。其中第 5 种方法比较简单。结合驯食效果很好，在美国青蛙养殖中推荐使用此法。幼蛙驯食的好坏，直接关系到商品蛙的养殖，因此对幼蛙的驯食还要注意以下几点：一是驯食时间要在水温、气温都适宜幼蛙摄食的时间；二是幼蛙体重 10～15 克时驯食最佳；三是驯食时一定要坚持"定点、定时、定量、定质"四定投饵；四是建立一定的条件反射；五是驯食用饲料要适口，即大小柔软合适。

值得一提的是，经过多年来的人工饲养，美国青蛙驯食这一技术已不再像其他蛙类驯食那样难度很大，特别是一些美国青蛙养殖历史较长的老蛙场，由这些蛙场经过一代代繁育出的苗种，本性已十分温驯，在饲喂幼蛙时，无须特别的驯食技巧与方法，可以直接投给人工配合饲料，幼蛙已具备摄食能力。只是在开食之初或幼蛙转移到新环境之际，需要提供良好摄食条件，如环境舒适、饲料新鲜可口等，引导其形成定时、定位吃食的习惯。因此，特别提醒美国青蛙养殖户，不要在"活"字上陷得太深。

23. 怎样进行幼蛙分池分级？

同池的幼蛙在相同的环境条件下，生长速度不一致，应根据幼蛙生长情况进行分池喂养，体重悬殊的幼蛙，会大蛙吃小蛙，影响成活率。每隔1周要将个体较大和生长慢、个体小的蛙挑出来分开饲养，同时将密度分稀，到50克时分稀至100～150只/米^2，进入成蛙养殖阶段。分级的方法是把每个池中个体特别大和特别小的蛙捕出，放到其他个体大小与之相近的池中饲养，大部分规格比较接近的个体则留在原池中继续养殖。分级一般选择在晚上，晚上蛙在强光手电照射下，一般不动，便于捕捉分级。

24. 美国青蛙成蛙养殖方式有哪些？

成蛙的养殖又称商品蛙的养殖，是指幼蛙经过一段时间的培育，驯食成功，个体长到50～100克，就可进入成蛙养殖。美国青蛙已经在全国各地大规模的养殖，也发展了水泥池养殖、网箱养殖、土池围栏养殖、大棚养殖、稻田养殖、庭院养殖等多种养殖方式。

25. 用水泥池怎么养殖美国青蛙？

水泥池养殖指小面积、高密度、高效益的集约化养殖。其特点是放养密度大，产量高；水体小，环境容易恶化，管理要求精细。

（1）养殖池建造 成蛙水泥养殖池类似于幼蛙养殖池，面积为 5~20 米²，也可稍大一些。池塘为砖混凝土结构，地面建池，墙面垂直，水泥抹光滑，深 1.2 米，可加水至 0.5 米。两端设有进排水口，水管口用网布包裹，池底由进水口向出水口倾斜，可以放干池水。出水口设冒头调节水位。池中设置木框架和聚乙烯网片制作的饲料台，占整个养殖池面的 40%~60%，以利于高密度放养时给蛙提供较大的摄食场所和栖息地。蛙池上方应有蔽阴设施。

（2）清塘消毒 新建水泥池需脱碱处理后再行养殖。旧水泥池可在幼蛙放养前，用漂白粉清洗消毒，7 天后即可注水放蛙。注水深度 10~15 厘米。

（3）幼蛙放养 放养时间一般在 6—7 月，放养密度依池塘条件、管理水平、产量预期而定。幼蛙入池前放养时用 3%~4% 食盐水溶液浸浴 15~20 分钟，或 5~7 毫克/升硫酸铜、硫酸亚铁合剂（5：2）浸浴 5~10 分钟，杀死蛙体表的病菌和寄生虫。养殖期间，视蛙体生长情况进行分级分稀饲养，保证同池个体规格一致（表 2-4）。一般每隔 15~20 天就要进行一次分疏和分级，以确保合理的密度和规格一致。分级的方法是把每个蛙池中个体特别大和特别小的蛙捕出，放到其他个体大小与之相近的蛙池中饲养，大部分规格比较接近的个体则留在原池中继续养殖。

表 2-4 水泥池集约化养殖放蛙密度

个体重量（克）	<10	20~50	50~100	100~200	>200
放养密度（只/米²）	200~300	150~200	100~150	80~100	40~80

（4）饵料与投喂 美国青蛙在幼蛙阶段经过驯食，可以摄食人工配合饲料（彩图 1）。成蛙阶段主要投喂蛙类专用饲料，其主要成分为鱼粉、麸皮、菜籽饼、玉米等，并适量添加维生素 C、维生素 E、矿物质、促生长剂等，美国青蛙饲料中最适蛋白质含量为 26%~28%。目前市场上的蛙类饲料大多满足其营养需求。

投喂时坚持定时、定质、定量、定位。每天 09：00 和 16：00 为投喂时间，夏季为 08：00 和 18：00。投饲量占蛙体重的 3%～5%，但实际投饲量需依据摄食情况、天气等作相应调整。上午占全天投喂量的 30%，下午占全天投喂量的 70%。

（5）水质控制 一般养蛙池由于水量少，投饵量大，残饵、粪便多，水质容易变坏，因此在美国青蛙养殖期间要注意水质管理，密切注意蛙池水质的变化。1 周左右换水一次，每次的换水量控制在 20% 之内，通过换水达到排污和调节水温的目的，保持水质清新。一般养殖前期控制水深为 10～15 厘米，随蛙体生长，逐渐加高水位，成蛙期保持水深 40 厘米左右。夏季高温期，加深池水，有条件的可采取微流水形式降低池水温度，池中水面放养水葫芦等挺水植物，占到水面面积 70%，必要时在食台上方搭设遮阳棚，起到防止水温过高，净化水质作用。

（6）日常管理 水泥池养殖密度高，对日常管理有较高的要求。①勤于巡塘，每天早、中、晚巡塘，观察蛙摄食情况，注意水温、水质变化，发现问题及时处理。②及时捞除池中残饵和水面杂物。视季节和天气情况捞除池中多余的水葫芦。③注意敌害生物窜入养殖池，驱赶鸟类。④观察蛙的发病情况，发现病蛙、死蛙及时捞出隔离、掩埋，做好疾病预防工作。可以定期在饲料中拌服维生素、三黄粉、酵母片等预防蛙病的药物；定期使用二氧化氯、二硫羟基甲烷、聚维酮碘等消毒剂对池水消毒。⑤长期投喂配合饲料的，要适当补充一些活饵料。成蛙体重在 200～250 克时，可补充投喂一些新鲜小鱼虾、蚯蚓及动物内脏等，也可直接补充鱼肝油，可以补充维生素，预防营养性腐皮病发生。

26. 美国青蛙怎样进行围栏养殖？

池塘围栏养殖是早期蛙类养殖的主要方式，具有灵活多样，规模可大可小，投资小，技术简单，很适合广大农户推广应用。在村头、村尾，有充足的水源，排灌独立方便，无污染的塘、坑、凼或是有水流经的低洼地，均可建池围栏养殖美国青蛙（彩图 2）。

（1）养殖池 土池围栏。蛙池面积不限，蓄水深 40～50 厘米，四周围栏即可。围栏用聚乙烯网片为材料，每隔 1～2 米打 1 根木桩，再将网衣围成栏高 1 米，下部镶一圈 40 厘米高的黑色塑料膜，埋入地下 10 厘米，围栏建成直线或弧形，不可形成较小的角度，以免蛙堆积在角落，不吃食或被压死。围栏可建在池埂上，也可直接建在池塘水线以内，在池内搭设陆栖地。或在池中央建一条 2 米宽、0.4～0.5 米深与池等长的浅沟，作为蛙活动和排污的场所。池埂宽约 2 米，高出水面 0.3～0.4 米，便于蛙登陆上岸，埂面坡度要平缓。整个池塘陆栖地面积与水面各占一半。在盛夏季节，在蛙池上方要搭设遮阳棚，占到池塘面积的 1/3，起到遮阳降温作用；在池中种植水花生，水葫芦等水生植物，面积占水面的 1/3，池中陆栖地种植瓜果、蔬菜等农作物，既可供美国青蛙栖息，又可招来昆虫为美蛙提供更多动物性蛋白。每个池配套建造多个饲料台，每 5～10 米² 设一个，作为美国青蛙摄食、栖息场所。饲料台四周用方木料钉制高度为 5～6 厘米边框。台面可以用木板，板块间留 0.5～1.0 厘米缝隙以便于日常清洗，也可用聚乙烯网片制成。整个饲料台用木桩固定水中，台面没入水中 2～3 厘米，使饲料台上的水体流动，既可造成饲料晃动，又不会造成饲料漂散于水面各处。进、出水口包扎聚乙烯防逃网片。土池之间，用网片分隔。

（2）苗种运输与投放 美国青蛙放养殖时间一般在 4 月初至 7 月初，放养前每平方米用生石灰 150 克，化浆泼洒消毒，7 天后即可注水放蛙。放养密度根据池塘条件而定（表 2-5），池塘设施好、水源充足，食物有保障，管理水平高，可多放些。条件差一些的，特别是新进养殖户，管理技术水平较差，应减少投放量。苗种下池前用食盐水或高锰酸钾溶液消毒，以杀灭体表病菌和寄生虫。

表 2-5　池塘围栏养殖放蛙密度

个体重量（克）	20	50	150	350
放养密度（只/米²）	80～100	60～80	30～40	10～20

（3）投饵 经过驯化的蛙主要投喂蛙类专用饲料，其主要成分为鱼粉、麸皮、菜籽饼、玉米等，并适量添加维生素 C、维生素 E、矿

物质、促生长剂等。投饲定时在每天 08：00—09：00 和 15：00—16：00 进行，投饲量占蛙体重的 3％～5％，但实际投饲量需依据摄食情况、天气等作相应调整。

（4）养殖管理 经常换水，保持水质清新。池中放养水生植物，水浮莲、凤眼莲等水生漂浮性植物。在放入池塘前，要进行消毒，数量不可过多，当生长过密或有死亡植株时要及时捞出，保持占水面面积 30％以下，保持植株新鲜。

土池养殖由于设施简单，多数是就便利用自然水体，容易发生逃走和敌害侵袭。因此勤于巡塘，注意检查围栏漏洞，防止逃失和敌害侵入。注意防病，美国青蛙易患肠胃病和腐皮病，平常应勤观察，了解蛙的活动和摄食情况；科学投饲，并积极做好池塘清洁工作，定期用生石灰、三氯异氰尿酸、二氧化氯、二硫羟基甲烷、聚维酮碘等药物消毒。定期补充投喂一些新鲜小鱼虾、蚯蚓、动物内脏、鱼肝油等补充维生素，预防蛙类常发的营养性腐皮病。预防美国青蛙堆积在池塘角落和水草丛中，不活动、不摄食，导致瘦弱死亡；经常在容易堆积的地方驱赶美国青蛙活动。

27. 怎样利用蔬菜大棚养殖美国青蛙？

利用蔬菜大棚养殖美国青蛙是近年蛙类养殖的新方式，主要利用大棚的保温性能和外界气候影响小的特性，延长美国青蛙的养殖周期。可以用于美国青蛙提早繁殖，进行大规格的商品蛙的生产，也有利于美国青蛙养殖的均衡上市。现在蔬菜大棚发展，很快随处可见，只需稍加改造，都能进行美蛙的养殖，通过美蛙养殖与蔬菜种植轮作，有利于提高大棚的经济效益。

（1）养殖池的建设 一般大棚内养殖池以深挖的土池保暖效果好，要求池子蓄水 1 米左右；面积宜小，几平方米或几十平方米即可，坡度要小，迫使美国青蛙登陆食台取食。若要在大棚内开展早繁工作，可以在棚内多设几个小池，以区分产卵池与蝌蚪培育池。池内设置若干个食台，多个食台有规则地排列成两行，两列食台之中架设一小便桥，便于饲养员在塑料大棚内行走，进行各项管理操作。大棚薄膜的边缘用泥土封实，仅在南面避风处留有一活动小门，供饲养员进出。大棚两边要预留通风窗，为夏季大棚降温用，保证棚内温度为蛙正常生长温度。为了增强大棚保暖效果，可在第一层薄膜上再加盖一层薄膜，其间距10厘米左右，形成双层塑料大棚。在大棚旁边还建一水质调节池，供换水用。

（2）池塘消毒　采用带水消毒方法，先将池塘灌满水，池坡、食台、木桥等设施全部浸没在水中，然后全池泼洒生石灰或漂白粉，用量同一般池塘消毒。然后将大棚封闭2～3天，彻底换水。加注的新水水位以达到食台底部1～2厘米为宜。7天后可投放蛙苗。

（3）放养　可参照池塘围栏养殖。

（4）养殖管理　调节温度。当外界气温超过18℃时，应敞开大棚，两头通气，放热，改善棚内空气状况；大棚内温度无法自然保持在16℃以上时，根据需要可安装100瓦白炽灯或1 000瓦左右电热板的方法，提高棚内温度。夏季大棚内除通过通风降温外，还可以通过经常换水、棚内种植水草和蔬菜、棚外架设遮阳网等方法来降温。

（5）换水　冬季环境温度低，不宜经常换水，换水最好选择在晴天中午进行，换水时水流速度不宜太快，避免棚内水温骤然下降，影响青蛙正常生长。加注新水要求水质清新，无污染。水源以具有冬暖夏凉的地下泉水最好。

（6）防病　大棚养蛙，由于受条件制约，大棚内环境和水体环境较差，容易导致腐皮病等疾病发生。因此，养殖过程中应采取严格的消毒和管理措施，坚持无病预防、有病早治的原则，做好蛙病的防治工作。

28. **用大型钢结构大棚养殖美国青蛙有什么好处？**

近年来美国青蛙养殖的迅猛发展，很多养殖户为进一步挖掘养殖场的潜力，建设大型钢结构大棚，棚顶使用透明塑料瓦，透光性好。大型钢结构大棚多采用水泥池养殖，其养殖池建设参照水泥池养殖方式，其养殖方式较传统的养殖方式有诸多优点。

①大型钢结构大棚空间大，较蔬菜大棚管理方便，养殖池布局合

理，池边还可以栽种葡萄等藤类瓜果，提高经济效益，在夏季可起到降温遮阳的作用。

②大棚能保温，打破美国青蛙冬眠特性，使美国青蛙常年生长，有利于做到美国青蛙均衡上市。

③钢结构大棚内部环境可以调节，保证了美国青蛙亲蛙的发育，提早了美国青蛙人工繁殖时间，可以一年四季都有蝌蚪供应。

④钢结构大棚是一相对密封环境，美国青蛙养殖受外界环境条件影响较小，在病害防控、水质调控、养殖管理等方面都容易做到标准化。

⑤钢结构大棚可以建设自动监控设施，投饵、加水等管理都实行机械化、自动化，节省人力成本，提高了蛙场养殖效率。

29. 怎样利用网箱养殖美国青蛙？

网箱养殖美国青蛙投资小，收效快，规模可大可小，少到一两个网箱，大可以成百连片，网箱可以设在池塘、河道、水库、湖泊等水流平缓处，对养殖条件要求较低，适于推广应用（彩图3）。

（1）网箱的制作与架设 网箱大多数用聚乙烯网片或尼龙网片缝合，也有的直接使用鱼种网箱和黄鳝网箱。网箱的面积不应太大，一般 5~30 米^2，箱体高 1~1.2 米，入水部分 0.1~0.5 米。水面栽种水葫芦，使水草的覆盖面达到 30%。水面以木为框架，聚乙烯网片为底搭建长方形饲料盘，每箱 1~2 个，每个面积 2 米^2，安装于网箱中部，其底沉入水中 1~2 厘米，供蛙摄食与栖息。为防止美国青蛙越网逃跑，网箱上面应加网盖。由于网箱水体交换率与网目大小有直接关系，随着网目的增大，水体交换率也不断提高。因此，在不逃蛙的条件下，应选择尽可能大的网目，其大小也应根据放养蛙的大小而定，同时随着蛙的增长而相应增大。

网箱在放蛙前 7 天入水，旧网箱每年都要出水洗去网箱上附着的藻类。选择水源丰富，水质清新，无污染，水体流动、能定期换水的池塘、江河、湖泊、水库、水渠等水体设置网箱。要求避风、清静、向阳，底部平坦，淤泥和腐殖质少，没有水草。网箱架设分移动式和固定式：移动式网箱适合于水库、江河、湖泊等风浪较大、水位变化显著的水体，用毛竹或木条扎网箱架，网箱架的规格应比网箱大0.2~0.3米，以便充分张开。网箱固定在扎好的网箱架和2~4个空油桶上，使得整个结构可随水位变化而上下升降，保证网箱入水深度稳定，将其放入选定的水体中，用锚绳固定，便可进行养蛙。固定式网箱先用4~6根毛竹或木棒在水中打桩，然后将网箱架连同网箱固定在桩柱上即可，适用于水位稳定、水面较平静的池塘水体。

（2）苗种放养　幼蛙入箱前需用3%的食盐水或高锰酸钾8毫克/升浸泡消毒，杀死蛙体表的病菌和寄生虫。幼蛙放养密度150~200只/米²，成蛙放养密度80~120只/米²。养殖期间，视蛙体生长情况进行分级分稀饲养，保证同箱个体规格一致，便于饲养管理，加速蛙体生长。一般每隔15~20天就要进行一次分疏和分级，以确保合理的密度和规格一致。分级的方法是把每个网箱中个体特别大和特别小的蛙捕出，放到其他个体大小与之相近的网箱中饲养，大部分规格比较接近的个体则留在原网箱中继续养殖。

（3）饲料投喂　完成了驯食的蛙可以直接使用蛙类专用颗粒饲料；未进行驯食的蛙就要先驯食，直至可以摄食蛙类专用颗粒饲料，驯食过程一般需要10~15天。投饲定时在每天08：00—09：00和15：00—16：00进行，投饲量占蛙体重的3%~5%，但实际投饲量需依据摄食情况、天气等作相应调整。定期使用土霉素、大蒜素等抗菌药物拌饵投喂，预防蛙类细菌性疾病。

（4）网箱管理　入水深度要根据蛙体大小和养殖季节适时调整网箱的入水深度，幼蛙期网箱入水10厘米左右；中蛙期网箱入水20厘米左右。春、秋季节，网箱入水宜浅；夏、冬季节，网箱入水宜深。防暑降温。夏季至初秋，外界气温高而炎热，应在网顶上方搭盖凉棚，防止蛙受热生病和死亡。或在网箱内放水葫芦等水生植物，供蛙隐蔽栖息。此外，应注意养殖水体交换畅通，保持网箱入水深度和良好的水质。

（5）除污防逃　随时清洗净网箱底部蛙的排泄物和沉积残余饵料，保持水质清新，减少蛙疾病的发生，每隔2~3天应清洗1次网箱。结合清洗网箱检查网箱是否有破洞。风浪太大，要及时加固网箱，或调整网箱位置，以免造成损失。

(6) 蛙病防控 现阶段，蛙类养殖主要使用蛙类专用膨化配合饲料，由于饲料加工过程中经过高温处理，维生素受到破坏，养殖蛙类易患营养性的腐皮病，所以需要定期投喂猪肝、鱼肉等鲜活饵料或直接投喂鱼肝油、电解多维等为蛙类补充维生素。也可使用中草药大黄、黄芩、黄柏合剂等免疫增强剂，内服增强蛙类抗病能力。

30. 怎样利用稻田养殖美国青蛙？

稻田养殖是利用稻与蛙之间的共生互利关系，把种植与养殖有机结合起来，达到增产增收、保护自然生态的目的。

(1) 稻田选择 一般适合养鱼的稻田，都可以用来养蛙，或发展稻—鱼—蛙立体开发。具体要求环境安静、水源充足，排灌方便，便于围栏改造。水质符合淡水养殖用水水质标准，不能有生活污水、农田废水等污染水源流入。

(2) 稻田准备 选好稻田后，要规划布局。通常安排 50%～70% 的面积种植水稻，20%～30% 的面积种植芋头、莲藕、茭或其他果蔬等经济作物，其余 10%～20% 的面积用于建设水沟和坑凼，这样可以为美国青蛙创造良好的栖息和生活环境。首先要加固田埂，田埂夯实，在临水的一面垫水泥薄板或倒三合土墙，使之牢固，不易塌陷；并稍加宽、加高，要求埂面宽度 50～60 厘米，高度以能保持大田蓄水深度 10～15 厘米。其次是开挖沟、坑。选择进水一角和邻近角落开挖 2～3 个保护坑，坑深 40～50 厘米，坑与坑之间开挖沿着堤埂的水沟相通。在水坑上方搭建荫棚，水面放养水浮莲、绿萍等水生植物，营造栖息条件，以利美国青蛙的生活、生长。最后做好围栏设施。简单的围栏可用毛竹片、聚乙烯网片、石棉瓦等材料制作。其中聚乙烯网片造价低廉，建造方便，透水、透风性能好，不易被大风雨吹倒冲垮，是广大养殖户首选的防逃材料。一般围栏高 0.8～1 米，地下插入 10 厘米左右，网片用木桩或竹桩支持，网片靠下部镶 40 厘米高的黑色塑料膜。稻田的进、出水口安拦蛙栅，采用竹篾或铁丝网等材料编成。

（3）**幼蛙放养**　放养前 10～15 天，植好水稻。幼蛙下田时，用食盐水或高锰酸钾溶液浸洗 5～10 分钟。选择规格整齐健壮无病的幼蛙，一般每亩稻田投放规格 30～50 克幼蛙 1 000～2 000 只。在放养美国青蛙的同时，也可放养草鱼、鲤、鲫、泥鳅等鱼类，实现稻—鱼—蛙综合养殖，一举两得，既为美国青蛙提供鲜活饵料，又可获得一定数量的鲜鱼。

（4）**管理**

①饲料与投喂。稻田内虽有一定的饵料生物，但仍无法满足美国青蛙日渐增大的食物需要，必须人工增投饵料。可采用灯光诱虫或捕捉，培养蚯蚓、小鱼虾供蛙采食，也可选用投喂人工配合饲料投喂。

②田间管理。无公害养蛙的稻田管理，要做好两项技术改进：一是按照稻田养鱼技术要求施肥，坚持"以施基肥为主，多用有机肥，少用化肥"的原则。一次施肥量不宜太大，施追肥时应选用尿素，而不宜用碳酸氢铵、氯化铵等对蛙刺激较大的肥料。注意在撒化肥时，尽量偏离沟坑。二是农药使用准则坚持预防为主、综合防治原则，严格控制使用化学农药。在一般情况下，稻、蛙共生，可大减少水稻病害的发生，稻田可少施或不施农药。若不得已施药时，也应选择高效、低毒、低残留农药，如扑虱灵、叶枯灵、稻瘟灵、多菌灵、井冈霉素等。严禁使用除草剂及高毒、高残留、"三致"（致畸、致癌、致病变）农药。具体施药时，囤高水位，尽量使药液粘在水稻茎叶上，减少落入水中的药量。同时采取将稻田围栏成两片，轮流施药的方法，先将蛙赶拦到稻田一半栖息、活动，另一半施药，几天后交换进行，可使农药对蛙的危害减小到最低。日常管理。平时应注意防逃、防盗、防止敌害侵入。稻田养蛙防逃和防敌害工作也十分重要，除在放养前做好可靠的防逃设施外，在养蛙过程中对防逃和敌害的检查一刻也不能松懈，发现围栏破损或田埂漏洞应及时修补。对严重危害蛙类的敌害，如蛇、鼠、鸟类等要做好防范措施，稻田上空架设防鸟网，一旦发现及时捕杀或驱赶。此外，要做好稻田排灌工作，保持大田水深 2～10 厘米，水质要清新，防止邻近农田的化肥、农药水流入。晒田时，土壤保持湿润，做好防暑和防洪工作。

31. 美国青蛙怎样越冬?

当水温下降至5℃以下,蛙停止活动,便入穴冬眠,第二年水温回升至10℃以上,开始苏醒摄食。

(1) 蝌蚪越冬 通常情况下,蝌蚪的耐寒能力较幼蛙强,但出肢后尾部消失前,对寒冷的抵抗力较差。秋繁蝌蚪,即使在冬天来临之前完成变态,幼蛙也不能完成营养积累,越冬成活率低。所以就需要人为控制秋繁蝌蚪生长发育速度,使之以蝌蚪形态越冬。

同鱼类一样,蝌蚪只能在水中越冬,常用的越冬方式有流水越冬和静水越冬两种,越冬池的水要加到0.6~1米。有条件的也可发展控温养殖,不让蝌蚪冬眠,按正常饲养管理进行。南方地区加深池水,蝌蚪自然冬眠的死亡率很低,管理简便。在北方地区要保持越冬池底层水温保持在5℃左右,水体有充足的溶解氧,才能保证蝌蚪越冬的成活率。在越冬期间,采取一些保温措施,如在蝌蚪池上覆盖塑料薄膜等,可显著提高水温;为增加溶氧量,可在冰面上打些冰洞,并经常清除洞内新冰,使水与空气保持接触;放养蝌蚪前,要清除池中过多的淤泥和杂草,防止越冬期大量消耗水中的氧气。

在秋末和早春的晴天,水温升高时,蝌蚪恢复取食,这时可根据其食欲,酌量投喂饵料。随着春季水温逐渐升高,蝌蚪活动增加,食量加大,要注意逐步增加投饵量。进行室内或温室加温越冬的蝌蚪,不要急于移入露天池中,防止温差过大,影响蝌蚪的活动、觅食和存活,待温差较小时再转移。室外覆盖塑料膜的越冬池可白天去膜,晚上加盖,逐步过渡。

(2) 幼蛙、成蛙越冬 在自然条件下,当温度降至5℃以下时,幼蛙和成蛙因饵料缺乏和外界低温的刺激,便选择田埂、岸边堤坡处、水沟边的土穴或在松土处打洞,在冻土层下进行地下冬眠,或钻入水底的淤泥、石块下、水草堆中进行水下冬眠,以便顺利度过严寒季节和饵料短缺期。在人工养殖条件下,由于生活环境的改变,美国青蛙对越冬场所的选择受到一定限制,加之饲养密度较高,在群集越冬时易引起疾病传播。因此,选择合适的越冬方式,创造适宜的越冬条件，加强越冬管理，做好传染病的防治等，对提高越冬存活率非常重要。南方各地基本可自然越冬，一般采取简单的深水越冬方法即可；而北方室外温度低，结冰期长，越冬期就需要精心管理。

①冬眠前强化培育。越冬前搞好冬眠前饵料的投喂这是提高越冬存活率的关键环节之一。因为美国青蛙在冬眠期间新陈代谢水平低，甚至呈麻痹状态，所需的能量，全靠体内贮存的脂肪提供。所以，在冬眠前 20～30 天，要增加饵料的投喂量，多投喂一些含脂肪多的高能量饵料。对于刚变态成的幼蛙更应加强护理，使蛙吃饱吃好，贮备充足的养料，培养出膘肥体壮的蛙越冬。

②良好的越冬场所。美国青蛙喜欢在避风、避光、温暖、湿润的环境中越冬，各地可结合实际情况，在满足美国青蛙越冬要求的前提下，人为创造一些环境供美国青蛙越冬。美国青蛙越冬方式较多，有条件的地方可发展控温养殖，但要做好饵料的生产和贮备。饲养量较小时，可将蛙移入室内池中越冬，或将蛙置于室内的缸、桶中越冬。室外越冬一般采用深水越冬，将蛙池水加深到 1 米以上，及时破冰除雪，保证蛙池溶解氧充足。为提高越冬水温，可在蛙池上架草捆或盖塑料薄膜。

③越冬期管理。美国青蛙完全进入冬眠后，要注意保持越冬场所的安静，不要随意搬动美国青蛙，以使美国青蛙的新陈代谢相对氧的消耗保持在最低水平。进行加温越冬时，水温至少要控制在 10℃以上，切忌水温一直在 5～10℃上下波动，美国青蛙在这种温度条件下取食较少，而活动量相对较大，消耗营养多，常在越冬中后期因体质较弱大量死亡，因此，将水温控制在 15℃以上较好。进入春季，水温逐渐增高，要注意逐步增加换水次数和加强红腿病等传染性病害的防治。采用保温越冬的，要逐步换水降温，使池水接近外界自然水温，让美国青蛙有一个适应新环境的过程；同时，将蛙移入室外蛙池时，要将蛙放在池边，让其自行跳入，不宜直接投入池中，防止池水冷刺激引起死亡。饵料的投喂视温度而定，10℃以下时投饵量极少，越冬后随着温度的上升逐步增加投饵数量，使蛙尽快恢复体质。

32. 美国青蛙怎样捕捞上市？

（1）拉网捕捉 在面积较大、水较深、池底较平坦的养殖池使用渔网拉网捕捉。先清除池底杂物和其他的障碍物，然后拉网捕捞。所用的网具、网法与捕鱼相似。但由于蛙能空中跳跃，因此拉网动作要特别轻快。收网时，底纲与上纲快速捏合在一起。此方法若操作得当，回捕率颇高。池塘网栏养殖多用此法捕捞上市。

（2）灯光照捕 由于蛙类畏强光，在晚上用明亮的灯光照射，蛙类蹲伏不动，再伺机用手或抄网捕捉。此法连续多次后，美国青蛙见光即受惊动，跃入水中，难于捕获。养殖期间分池多用此法，少量上市也可用此法。

（3）诱饵钓捕 需要捕捉少量的蛙，又不惊动、影响其他蛙时，可用诱饵钓捕。用长 1~2 米的竹竿，一端拴一根长 2~3 米的透明尼龙线，线端串扎蚯蚓、蚱蜢、泥鳅、小杂鱼、小青蛙等诱饵。准备一个柄长 1 米左右、张口较大的抄网，网袋应深达 1 米左右。操作时，一手持钓竿，上下不停抖动；一手持捞网，发现蛙类吞饵咬稳时，即可收竿，并将蛙迅速投入网袋中。

（4）手工捕捉 需要少量蛙时也可下池手工捕捉。如需全部起捕上市时也需排干池水手工捕捉，此时一般与网捕法结合使用。

33. 美国青蛙怎样运输？

（1）运输工具 蛙的运输工具，要求保湿、透气、防逃，常见的有箱、笼、桶、袋等多种。①桶。指加盖的木桶、塑料桶和铁桶等，要求四周有通气孔，底部有排水孔，便于污水滤出，容器不宜过高，防止蛙过分跳跃受伤。运输密度根据个体大小，以每平方米 200~1 000 只为宜。②袋。常见的运输袋采用聚烯网布或尼龙布缝制。其透气性好，操作简单、方便。保湿性和保护性能差，蛙体容易受伤，不宜运输幼蛙和种蛙。可以在袋底放些水草和湿布。一般 80 厘米×50 厘米网袋可装肉蛙 40~60 只。③箱和笼。蛙箱的形式多样，具有通气孔和排水孔的木箱、纸箱、塑料箱，或以木框作支架、六面装钉聚乙烯网布制成的箱体都可运输美国青蛙。箱的规格以 60 厘米×50 厘米×15 厘米适宜，不宜太大，也不应太高。在蛙箱的顶部设计一个可活动的小窗口，便于蛙的放入和取出。蛙笼由竹蔑编织成，规格 50 厘米×50 厘米×20 厘米，开口在笼顶中心，圆形，加盖。装运密度以不拥挤为原则，一般每箱（或笼）装 10～30 克幼蛙 200～400 只，30～100 克幼蛙 100～200 只，100～200 克幼蛙 80～100 只，200～300 克的商品蛙 60～80 只，300 克以上的 40～60 只；种蛙10～20 只。

（2）**装运管理**。①运输前停食一天，以免运输途中排出粪便、污染环境。②选择在 10～28℃ 的凉爽天气运输。夏季高温期间，尽量选择阴天或晴天的晚上，有条件的地方，使用泡沫箱运输，箱内加入冰块降温，注意冰块不能直接接触蛙体。③实际运输时，要根据路程，气温和蛙的规格、用途，选择适合的运输工具和运输密度，灵活调整。④运输种蛙时，密度要低，可将蛙箱分成小格，垫些湿水草或湿布，再放入种蛙，这样可以避免种蛙死相拥挤、堆压，还可以防止种蛙跳跃受伤。⑤不论哪种运输工具，用具的侧面要有通气孔。运输途中，经常淋水，保证蛙体皮肤始终处于湿润状态，工具在装蛙之前用水润湿，在底部放些水草或湿布，保存水分。经常检查运输工具有无破损，通气是否良好，蛙有无死亡，如有死蛙，要及时捡出；运输途中还要防强烈的震动和阳光直射。只有做好这些工作，方能保证蛙的运输安全，提高美国青蛙运输成活率。

第三章　虎　纹　蛙

34. 什么是虎纹蛙?

　　虎纹蛙又称水鸡,它的个头长得魁梧壮实,有"亚洲之蛙"之称。由于其身体表面的斑纹看上去略似虎皮,因此得名"虎纹蛙"。虎纹蛙是重要的经济两栖动物,分布在我国和印度、越南、泰国、尼泊尔等国家。在我国,广泛分布于四川、重庆、云南、贵州、湖南、湖北、江苏、浙江、河南、安徽、江西、福建、台湾、广东、海南等地的稻田、池塘、水沟、水库、江、河、湖等水域。虎纹蛙体大而粗壮,雌性超过 120 毫米,吻端尖圆而长,吻棱钝,鼓膜大,前肢短,指短,指端尖圆,趾末端头圆,趾间全蹼,皮肤极粗糙,无背侧褶,背部有长短有一、分布不十分规则的肤棱,纵行排列,头侧口缘及腹面的皮肤光滑。生活时背面黄绿略带棕色,头侧及体侧有深色不规则的纹斑,腹面白色。雄性略小,有一对咽下侧外声囊,前肢粗壮,第一指上灰色婚垫发达,有雄性腺。

35. 虎纹蛙的养殖现状如何?

　　随着近年来食用蛙类加工业的兴起,饮食业的火爆和虎纹蛙出口创汇数量加大,虎纹蛙的养殖难以满足市场需求,供求缺口逐年加剧,销售环节十分畅通。因此虎纹蛙成为食用蛙类养殖发展的重点,也是水产养殖品种结构优化的主要对象。近年我国海南、广东等地已经兴起一股虎纹蛙养殖热潮,并迅速扩展到其他省份。虽然目前人工养殖虎纹蛙趋势很好,但也还存在很多不足:虎纹蛙属国家二级保护动物及"三有"动物(《国家保护的有益的或有重要经济、科学研究价值的陆生野生动物名录》中的动物），养殖者不能从野外抓捕，只得从养殖场引种繁殖；由于虎纹蛙的特殊性，人工养殖虎纹蛙存在种源质量难以保证、不易长途运输、活饵不易培养等问题。

36. 虎纹蛙有哪些生活习性？

（1）温度　虎纹蛙是变温动物，体表温度随外界温度变化而变化，其生长、发育、繁殖的适宜温度为 20～30℃。水温上升至 35℃以上易引起死亡。冬季温度降至 15℃以下时不摄食进入冬眠。翌年春天气温上升到 16℃左右时苏醒结束冬眠。

（2）湿度　湿度是虎纹蛙生存、生长的一个重要因素。蝌蚪离不开水，幼蛙和成蛙的皮肤防水分蒸发的作用小，不足以维持体表湿度，因此虎纹蛙必须常在水中生活，经常使皮肤保持湿润。

（3）光照　虎纹蛙昼伏夜出，怕阳光直射，但趋弱光。光照对蛙体新陈代谢、生长、生殖均有促进作用，如长期在黑暗处生活，其生殖腺难以发育成熟，甚至停止产卵和排精。

（4）溶解氧　蛙池水域的溶氧量一般不得低于 3 毫克/升。成蛙、幼蛙虽然用肺呼吸，直接从空气中得到氧气，但其皮肤仍有辅助的呼吸作用，尤其是冬眠时，主要靠皮肤在水中的呼吸作用。

（5）水体理化因子　水域 pH 以中性或偏微碱性为宜，即 pH 为 7～8。虎纹蛙对盐度的忍耐性很差，一般盐度不高于 0.2%，以在淡水中生活最为适宜。

37. 虎纹蛙的繁殖习性是什么？

虎纹蛙的繁殖期为 5—8 月，冬眠苏醒后，立即进行繁殖活动。它在水中进行体外受精，卵孵化后成为蝌蚪，具有一系列适应水中生活的幼体特征，蝌蚪经过变态发育为蛙，然后再转移到陆地生活，所以它的生活史包括卵、蝌蚪和蛙三个阶段。虎纹蛙性成熟较快，一般雌蛙体长 8 厘米左右，体重 60 克左右已达性成熟，雄蛙体重 40～50 克即达性成熟。但人工繁雌蛙最好选择 2～4 龄、体重 150～200 克，雄蛙 2～3 龄、体重 120～180 克作为亲蛙。在自然条件下，虎纹蛙的繁殖与气候、温度有密切关系，长江中下游地区一般繁殖期在 4—9 月，平均气温在 20℃以上连续多日，虎纹蛙开始自然抱对产卵。水温低于 20℃或高于 30℃一般不抱对、不产卵。虎纹蛙的产卵量一般与雌蛙的年龄、个体大小，营养丰歉均有直接关系。正常情况下，个体大产卵量多，但虎纹蛙的怀卵量与产卵量比牛蛙、美国虎纹蛙少，通常 150 克左右雌蛙一次产 2 000～2 500 粒；200 克左右的雌蛙产 2 500～3 000 粒。

38. 虎纹蛙养殖池有什么要求？

目前虎纹蛙养殖池主要有：一种是四周建有围墙的泥池；另一种是目前使用较多的硬底化水泥池。整个饲养场上空要搭架，夏天加盖防晒网，防止太阳猛烈照射；冬天加盖塑料薄膜，以利虎纹蛙保暖越冬。一般来说水泥池易操作、好管理、产量高。水泥池面积不宜过大，一般在 12～20 米^2。围墙四周及池底用水泥批抹光滑，防止虎纹蛙跳跃时擦伤肤引发病害。池底略为倾斜，坡度以能排完积水为宜，便于清洗。池底要在低坡的一侧设排水口，排水口要用尼龙网片封牢，以防虎纹蛙逃走。进水口设在蛙池另一端的上方。池底中央要筑一个高于池底 15 厘米，面积 4 米^2 左右的平台，用于虎纹蛙觅食和晒太阳。

39. 怎样选择和培育虎纹蛙亲蛙？

虎纹蛙一般在约 2 龄时达到性成熟，选种可在头年晚秋（即冬眠前）进行，也可在春节过后（即 2—4 月）选择。种蛙的年龄应适当，年龄太大（5 龄以上）的老年蛙受精率、孵化率低。选择的种蛙应该有活力，善跳跃、性情活泼、体质健壮、体色鲜艳，有光泽，无伤病，雌蛙腹部膨大。

种蛙一经选定，就要将雌雄分开，精心饲养。为提早种蛙产卵交配时间，除投喂高质量的饵料外，寒冷时还要对种蛙培育池加盖塑料薄膜，以提高池内温度。小规模生产的雌雄种蛙的放养比例为 1∶1，大规模种蛙培育时，雌雄性比可按（2～3）∶1 放养，也可采用 3∶2 或 8∶5 的放养比例，比例不得高于 3∶1，否则会影响受精率。

种蛙培育应做好调节水位及水质、保持安静、除敌害、防病和越冬保温等工作。种蛙池每周注入新水 1～2 次，在抱对产卵期间水位应保证有足够的产卵湿地，并且保证环境安静，另外需注意防、除敌害（如蛇、鼠等），发现病蛙应及时隔离治疗。

40. 虎纹蛙怎样自然繁殖？

虎纹蛙雌、雄蛙通过抱对完成自然产卵、受精过程，行体外受精。抱对可刺激雌蛙排卵，否则即使雌蛙的卵已成熟也不会排出卵巢，最后退化、吸收。抱对还可使雄蛙排精与雌蛙排卵同步进行，使受精率提高。因此，抱对对虎纹蛙的产卵和受精极为重要。

在清明前后当水温稳定在 17℃ 以上时，性成熟的虎纹蛙便进入繁殖时期，从 4 月上旬一直延续到 9 月。自然产卵受精时间多集中在黎明，并持续到早上，个别在中午 12∶00 以前，但雨天产卵较少，一旦生态条件不合适，则会出现滞产和难产，当卵子在卵管或泄殖腔中滞留时间过长，则会造成卵子胶膜浓缩，形成不能分离的团状而难于产出，即使产出也成团状，不能受精，这种蛙需要人工助产即催产。

41. 虎纹蛙怎样进行人工繁殖？

人工繁殖是取成熟度好的亲蛙，皮下注射催产激素，剂量为每 200 克雌蛙注射 35～45 微克的 LRH-A 和 400～450 国际单位的 HCG，雄蛙剂量减半。从尾杆骨一侧由后向前水平进针，进针 1.5～2.0 厘米，退针时轻轻按住注射部位，以免药液外溢。

注射催产后，按雌雄 1∶1 比例放入产卵池中。在实际生产中，常需要将获得的卵子进行人工授精。方法是当采得卵子的同时，立即将雄蛙麻醉或杀死，剖开其腹部，取出精巢，放在滤纸上滚动，除去血液及其他黏附物，在小研钵或培养皿中剪碎精巢，然后加入 0.5 克生理盐水或池水 15 毫升，静置片刻后倒在卵子上，用羽毛轻轻搅拌，使精卵充分接触，搅拌 1～2 分钟后，放入孵化容器内进行孵化。

42. 虎纹蛙蛙卵怎样进行人工采集和孵化？

在产卵季节，应坚持巡池，及时发现并收集卵块转入孵化器内进行孵化。采卵时，先剪断黏附着卵块四周的水草，最后剪下卵块下面的水草，然后用光滑的盆、提桶等容器将卵块与附着水草及适量水一同移至孵化容器中。如果卵块过大，可剪成若干块，分次搬运。

虎纹蛙胚胎发育至心跳期，胚胎即可孵化出膜，即孵化出蝌蚪，这一过程即出孵。当受精卵在孵化器中正常孵化时，2～3 天可孵化出蝌蚪。刚孵出的蝌时间全长 5.0～6.3 毫米，幼小体弱，以吸收卵黄内养料为生，并不会取食，游动能力差，主要依靠头部下方的马蹄形吸盘吸附在水草或其他物体上休息。因此，刚孵出的蝌蚪不宜转池，不需投喂饵料，不要搅动水体以便其休息。蝌蚪孵出 3～4 天后，两鳃盖完全形成即开始摄食，从此可每天投喂蛋黄（捏碎）或豆浆，也可喂单细胞藻类、水蚤类、草履虫等。蝌蚪孵出 10～15 天后，即可转入蝌蚪池饲养或出售，即出苗进入蝌蚪培育阶段。

43. 怎样培育虎纹蛙蝌蚪？

受精卵经过 2～3 天便可孵化出小蝌蚪，刚孵化出的小蝌蚪静卧在池底和卵巢上。刚孵化出的蝌蚪可投喂部分轮虫、鸡蛋黄或蝌蚪专用粉状料，粉料洒于水中，6 天后改为投喂蝌蚪颗粒料。蝌蚪放养密度为 500～1 000 尾/米^2，15 天后减为 300～500 尾/米^2，大蝌蚪 100～300 尾/米^2。每天投喂 2 次，日投喂量为蝌蚪体重的 5%～10%。28 天左右蝌蚪接近变态，此时池中放入一些水葫芦和薄木板，以便蝌蚪变态脱尾上岸。同时要注意水质变化，适度补充新水，水位保持在 0.25～0.30 米。

44. 虎纹蛙蝌蚪变态期怎样管理？

蝌蚪在变态过程中，长出后肢时蝌蚪仍不停止摄食，只是摄食量减少，但此时蝌蚪喜栖息在一起成团，容易使体弱的蝌蚪因缺氧而死亡，所以应多点投饲，避免蝌蚪集中成团；当蝌蚪伸出前肢时，营养靠吸收尾部营养生活，可减少投饲量，只投喂少量动物性饲料及添加矿物质、维生素等饲料，一般鲜活饲料占蝌蚪体重的5%左右，配合饲料占蝌蚪体重的1%～3%。同时变态期间在池内需增加一些漂浮物体，如水生植物凤眼莲、水浮莲、泡沫塑料板等供变态幼蛙栖息，这样可防止变态幼蛙找不到着陆体而窒息死亡。

此外，在6月底以前孵出的蝌蚪应加强饲养使其快速完成变态，以利健壮幼蛙安全越冬。7月以后孵出的蝌蚪，应尽量控制其变态，让其以蝌蚪形态安全越冬，因刚变态的幼蛙，即进入越冬期，死亡率极高。

45. 虎纹蛙幼蛙养殖怎样管理？

幼蛙池保持水深0.3～0.5米，水面设置3～5个饲料台和休息台。刚变态的稚蛙放养密度为200～300只/米^2，50克以下的幼蛙放养密度为100～200只/米^2。同池幼蛙在饲养一段时间后应按幼蛙大小不同分级饲养，避免发生大蛙吃小蛙的情况。幼蛙培育以投喂全价颗粒饲料为主，各阶段投喂的颗粒饲料粒径应与蛙的口径相适应。刚变态的幼蛙投喂粒径为2.0毫米的稚蛙料；个体体重20～30克时投喂粒径3.0毫米的幼蛙料；个体体重30～50克时投喂粒径3.5毫米的小蛙料。日投喂量为蛙体总重的5%左右，上、下午各投喂1次。要定期加换水，保持水质新鲜。

46. 虎纹蛙成蛙养殖方式有哪几种？

虎纹蛙成蛙养殖方式主要有池塘单养、稻田养殖和虎纹蛙-鱼-林

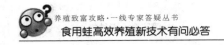

生态养殖、网箱养殖、增温养殖、立体养殖等。

47. 怎样利用池塘养殖虎纹蛙？如何投喂饲料？

池塘面积以 300～500 米² 为好，水泥池和土池均可，池深为 1.2 米，并保持水位在 0.3～0.5 米，池上方要覆盖遮阳网，覆盖面积为池塘总面积的 1/3，土池要设置 1.2 米高的防逃设施，水面上设置多个饲料台和休息台。幼蛙放养密度为 50～60 只/米²。

饲料投喂全价配合颗粒饲料。幼蛙个体为 50～100 克时饲料粒径为 4.0 毫米，个体为 100 克以上时饲料粒径为 5.0 毫米，日投喂 2 次，投喂量为蛙体总重的 3%～5%。池塘养蛙密度大，排泄物多，要经常换水，及时清除死蛙、残饵。幼蛙饲养 60～75 天，可干塘出售。1 年可养殖 2 批虎纹蛙，第一批投苗时间为 5 月底或 6 月初，第二批投苗时间为 8 月上、中旬。饲养 2 批，亩产蛙 5～8 吨。

48. 怎样利用网箱养殖虎纹蛙？

网箱养殖虎纹蛙是利用合成纤维网片，装配成一定大小的箱体，设置在适宜的水体中饲养虎纹蛙。此种方式优点甚多，如不需挖池建池，不需人工换水，投饵和捕捞均方便。网箱的入水深度，蝌蚪期间为 0.8～1.2 米，幼蛙和成蛙阶段 0.4～0.6 米。一般每户需 3 只以上的网箱，以利于及时分级饲养。2～5 厘米的蝌蚪以 200～500 尾/米² 为宜，刚变态的幼蛙 150～200 只/米² 为宜，长至 50 克时分至 100 只/米²，直至长成商品蛙。网箱养殖应常保持水质清新，溶解氧充足。

49. 怎样利用稻田养殖虎纹蛙？

稻田养殖虎纹蛙以单季稻田为主，单块面积不要超过 1 000 米²。稻田四周要设置防逃设施，沿田埂四周开挖"口"或"田"字形蛙沟。水稻要选择种植耐肥、抗倒伏的优质品种。秧苗返青 15 天后，每亩放养 15 克左右的幼蛙 0.3 万～0.4 万尾。可以适当投喂全价配合颗粒饲料，日常管理重点抓好防逃和防白鹭工作。

　　稻田养殖虎纹蛙，虎纹蛙能吃掉危害水稻的害虫，蛙粪肥田，可以不施农药化肥，减少环境污染，降低生产成本，生产的稻米、虎纹蛙接近天然食品。稻田养殖虎纹蛙与单一种植水稻相比经济效益增加了 5～8 倍。

50. 什么是虎纹蛙立体养殖？

　　立体养殖是在传统养殖模式的基础上发展起来的，可以看作多种传统养殖模式的一种高效结合，它充分利用环境的各部分的不同属性和所涉及农作物及养殖物生存所需要的特定环境，将其有机地结合在一起，完整地利用了环境的各个不同的部分，在相同面积的土地上发挥最大效益。立体养殖的对象很多，养殖模式可自行设计，如"池塘鱼蛙立体养殖"是在常规池塘养鱼的基础上，通过在池塘中设置网箱，实行石蛙的无陆地养殖，建立池塘鱼蛙共生系统，实现鱼蛙共生、优势互补，综合提高池塘养殖效益，达到增产增收的目的。

51. 怎样在冬季进行虎纹蛙的增温养殖？

　　虎纹蛙在低温季节处于冬眠，生长停止。将虎纹蛙在人工增温控温的环境中饲养，则可打破冬季低温限制，能正常生长，从而延长了虎纹蛙的生长期，缩短了生产周期，是一种高效益养殖虎纹蛙的新方法。采用这种养殖方必须具备一定条件和技术措施，但其中最为重要的是增温、控温和保温，如果使温度维持在虎纹蛙生长的温度范围内，保证虎纹蛙养殖的其他饲养管理条件，此方式便可获得显著效益。

52. 虎纹蛙怎样冬眠？蝌蚪与亲蛙冬眠怎样管理？

　　气温降到 10℃ 以下时，虎纹蛙种蛙开始冬眠，此时的虎纹蛙新陈代谢就会减慢，体温下降，停止摄食和运动，完全蹲伏在土缝或池底，至次年春季温度升高到10℃以上开始苏醒。

较早孵出的蝌蚪要及早加强饲养和管理，促使其早变态，使变态后的幼蛙到越冬时已生长成较大的幼蛙，并储备足够营养从而增强抗寒能力。较晚孵出的蝌蚪应通过饲养和管理控制其变态，使之以蝌蚪的形态越冬，从而提高越冬成活率。蝌蚪越冬池的蓄水深度达1米以上才不冻死蝌蚪。水源充足，排灌水方便，便于随时补水增氧。越冬池水温回升到10℃以上蝌蚪恢复摄食，可适当投饵。

对于亲蛙来讲，在越冬前1～2个月，应加强对虎纹蛙的饲养，多喂含蛋白质、脂肪的动物性饵料，以增强体质，提高耐寒力；保护好养殖池周围的土洞、水底的淤泥等自然越冬场。有意识做好这些地方的防护工作，并经常关注越冬状况，及时改善不利条件。发现敌害及时清除，发现疾病及时防治。

53. 怎样捕捞虎纹蛙蝌蚪？

捕捞蝌蚪时要小心操作，不要使蝌蚪体表出现外伤。①手抄网捕捞：适宜在小面积的蝌蚪池中捕捞。网抄包括抄柄、网圈、网三部分，抄柄可用坚硬的木棍或主杆等、网圈用粗硬的铁丝、网用塑料窗纱等做成。②鱼苗网捕：适合在大面积的蝌蚪池中捕捞。一般只需用鱼苗网在池中拉一次即可捕捞绝大部分蝌蚪。③塑料窗纱捕：根据蝌蚪池的大小用窗纱制作捕捞网，一般网长3～4米，操作时两端各一人，中间一人，采用类似于拉鱼苗网的方法，即可获得良好的捕捞效果。

54. 怎样捕捞虎纹蛙成蛙？

捕捞捞虎纹蛙成蛙主要有以下几种方式。

(1) 拉网捕捉　对于在水较深，水面较大的养殖池塘、河沟等水体内密集精养的虎纹蛙，可采用大网围捕。先清除水体内障碍物，再拉网捕捉。

（2）灯光诱捕 在夜间，用手电照射蛙眼捕捉。或在夜间打开诱虫灯，对摄食虫体的蛙进行围捕。

（3）干池捕捉 排干池塘捕捉。

（4）诱饵钓捕 用长 2～3 米的竹竿，一端拴一根长 3 米左右的透明尼龙线，线端串扎蚯蚓、蚱蜢、泥鳅、小杂鱼等诱饵。

（5）手工捕捉 少量捕捉时可用此法。

55. 虎纹蛙怎样运输？

用具要求保湿、透气、防逃。用木、铁或塑料制成的桶、帆布袋、木箱、铁皮箱以及内衬塑料薄膜的纸箱等。用具的侧面要有通气孔，装入虎纹蛙之前应在底部放些水草或湿布，保存水分。

装运前 2～3 天，停止投饲，以免运输途中排出粪便。选择在10～28℃的凉爽天气运输。夏季高温期间，尽量选择阴天或晴天的晚上运输。运输途中，经常淋水，防止强烈的震动、碰撞，注意透气，尽量缩短运输时间。

56. 怎样防治虎纹蛙肠炎？

控制饲料投喂量，饲料 30 分钟内不能吃完，说明投喂量过多。及时换水，清除池底污物，用 2.0 克/米³ 的漂白粉全池泼洒；每千克饲料加入 20～30 克酵母片，每天 2 次，连用 3 天。

第四章 棘 胸 蛙

57. 棘胸蛙适合生活于什么样的环境？

　　自然状态下，棘胸蛙一般栖息于深山老林，泉水长流的山涧、山溪或溪流水潭中。其水域底质多为大小、形状不一的岩石、沙砾。溪水常年流动不枯，水质清澈，富含多种矿物元素，山溪两岸则森林茂密，人迹罕至。整个环境显得清静幽深、阴凉潮湿，身临其境似有凉气袭人的感觉。水域多为中性偏酸，pH 在 6.5～7.0；水温则常年维持在 12～23℃，即使高温季节，外界气温高达 39℃，其水温也少超过 26℃。

58. 棘胸蛙的经济价值与市场前景如何？

　　由于人工大量捕捉野生棘胸蛙，导致资源越来越少，为保护野生资源，多数省份已将棘胸蛙列入保护动物名录，因此，野生资源种源价值巨大。近年来，棘胸蛙人工养殖兴起，其市场前景广阔，市场价格一路上涨。棘胸蛙在江西、湖南等地价格达到 240 元/千克，在北京、上海高达 620 元/千克，而且，产品长期供不应求。以商品棘胸蛙每千克 200 元计算，投资收益率可达 61%，具有很高的投资价值。如：每户若养 2 000 只商品幼蛙，建池 40 米²，需投资 2 600 元左右，每只幼蛙当年生长到 150 克，即能生产 300 千克商品蛙，按每千克 200 元计算，收入 6.0 万元，除去饲料和其他开支约 2.34 万元，纯收入可达 3.66 万元以上。

59. 棘胸蛙有什么特殊的形态特征？

（1）头部 成蛙头宽而扁平，略呈三角形，吻端钝圆，突出于下颌，吻棱不明显，颊部向外倾斜，口位于头部前端，口裂宽至眼后，颌缘有齿。眼呈椭圆形，大而突出，位于头部最高处。有上、下眼睑，下眼睑内侧有一折叠式的透明薄膜，叫作瞬膜，呈红棕色，能上下活动，保护眼球。雄蛙的咽部内具有声囊，声音经由肺和口底的声囊之间，空气往返于声带上方，使声波振动而产生声音。声囊起共鸣器作用，故鸣声洪亮，雌蛙无声囊结构，不会鸣叫，但在繁殖季节，能发生"喀、喀"的求偶应和声。

（2）躯干部 棘胸蛙皮肤粗糙，外表较丑，形似蛤蟆。雄蛙全身（腹部除外）排布有长短不一的窄长疣，断续成行排列，间有小圆疣，体侧、四肢背面小圆疣长着小黑棘，尤其胸部满布着显著大刺疣，故得名棘胸蛙，腹呈淡黄白色。雌性则仅在体背、体侧和四肢背面等部位有分散状的小圆疣和小黑刺，前肢不如雄性发达，背面无窄长疣，均为分散圆疣，胸部无刺状棘突，腹面光滑呈白色，无疣和角质刺，不致被急湍的水流所冲散，而顺利完成生殖活动。棘胸蛙体色依其生活环境和年龄不同而有所差异，体色有很多种，常见的有为黄褐色或深褐色的带状或不规则的大斑块，有的背面为深浅不一和灰黑色带有虎斑的条纹，也有的呈深棕色、黑色、棕色、暗红色等几种颜色。

（3）四肢 躯干两侧着生四肢，粗壮发达。前肢较短，强壮有力，由手、上臂和前臂三部分组成。具四指，指间无蹼，指端膨大呈圆球状；指略扁平，指内侧缘明显，关节下瘤及腭突发达，成年雄蛙拇指内侧有发达的婚垫，生殖季节用以抱持雌蛙，婚垫内含黏液腺，能分泌黏液，与雌蛙抱对时紧紧粘牢而不会滑脱，内侧两指也有刺突。后肢长而粗壮，肌肉发达，是运动的主要器官，也是主要食用部位，由股（大腿）、胫腓（小腿）和跗足三部分组成，其长度向前伸直可达眼部，后肢为五趾，趾全蹼，第一、第五趾之游离侧有缘膜，关节下瘤发达，适于游泳和陆地上跳跃（彩图4）。

(4) 蝌蚪 棘胸蛙蝌蚪期体形似鱼，无四肢，躯体长条状，有尾，尾巴肥厚，靠鳃呼吸。肤色暗黄褐色，并分布黑色星星小点，在躯体与尾部衔接处的背面有黑色的 U 形花纹，是区别于其他蝌蚪的一个显著特征（彩图5）。

60. 棘胸蛙的生活习性与其他蛙类有什么差别？

棘胸蛙生活于南方山区，其生境有别于其他养殖蛙类，故生活习性也与其他蛙类不同。

(1) 生活环境 棘胸蛙常栖息于阴凉的清澈溪水坑旁或有石洞的瀑布附近，喜在潮湿安静、少光、近水源和阴凉的山岩石壁下穴居，平时蛙常伏于石穴洞口或将头露出水面进行呼吸觅食，若遇惊扰则迅速潜入水中，躲藏在石穴或石岩、石壁下（彩图6）。棘胸蛙有群居和夜间觅食的习性，每个洞穴少则两三只，多的达十几只群居；棘胸蛙喜静，怕强光，习惯昼伏夜出，白天常匿藏在洞口、草边或石缝间，在气候凉爽的晚上，活动频繁，常于山涧、溪流或两岸山坡的灌木草丛中觅食、嬉戏，异常活跃。棘胸蛙善跳和攀爬，平时活动较弱，在繁殖盛期，活动频繁，具有鸣叫和抱对等行为。

(2) 摄食活动 棘胸蛙的蝌蚪以植物性食物为主，主要摄食水中藻类，如绿藻、硅藻、隐藻、甲藻等。此外还摄食部分原生动物和水中有机碎屑，人工饲养时可投喂蛋黄、豆浆、牛奶、豆腐、大麦、米饭和蚕蛹粉等饵料。完成变态后的棘胸蛙，食性转化为肉食性，摄食蚯蚓、蛆虫、蟋蟀、蚱蜢、蚁类、泥鳅、河蟹和蝼蛄等活饵，还不能驯食摄食配合饲料（彩图7）。棘胸蛙的摄食活动时间，在自然条件下其摄食活动期为3—11月，11月后摄食活动日趋减少，当外界气温降至10℃以下时，便停止摄食，进入冬眠。

(3) 生长温度 棘胸蛙适宜生长温度为18～25℃，春、秋两季是其活动最频繁、摄食量最大和生长最迅速的季节，4—6月、8—9月是繁殖后代的最好时期，当水温超过30℃，蛙皮肤水分蒸发量大，而使其感到不适，摄食活动减少，当水温降至10℃时，蛙代谢很弱，进入冬眠，冬眠时，蛙双眼紧闭，不食不动，靠脂肪体来维持生命活动，对外界刺激不作出反应，冬眠期若水温上升到适宜的温度，蛙就会再出来活动，冬眠期约为4个月，冬眠后蛙的体重将会适度减轻。

61. 棘胸蛙有什么繁殖特性？

当春季水温达到15℃，气温达到16℃以上时，棘胸蛙开始抱对产卵，产卵时间随着个体发育差异、地域、海拔的不同而有先后，一般产卵期在每年的3月下旬至9月中旬，南方、海拔较低等开春水温上升快的地区较早，越往北越晚。江西地区一般在4月清明前后棘胸蛙就开始发情。

在繁殖季节，雄蛙比雌蛙提前1～2周鸣叫发情，这时雄蛙前肢的婚姻瘤格外明显，呈暗红色，胸部黑刺特别发达，发出"呱、呱"叫声不断地招引雌蛙前来抱对，蛙抱对时，雌、雄蛙相贴而合抱，雄蛙用具有婚姻瘤的前肢紧抱雌蛙腋下，其胸腹面紧贴在雌蛙腹面，抱对后雄蛙开始排精，同时雌蛙因受刺激而引起排卵，每次排卵量为100～300粒，卵子与精子在水中相遇进行体外受精。整个抱对产卵过程极长，雌蛙时产时停，抱对时间可延续数个小时，甚至1～2天，产卵时忌惊动（彩图8）。

卵常产于水流平缓浅水处，附着在石块和水生植物体上，卵外的胶质膜厚，黏性强，有时相连成索状或葡萄串状，长达20厘米，卵径约3.2～4毫米，最大可达5毫米，卵产入水中后，胶质膜吸水即膨胀，卵径增大3～4倍，达12～15毫米。蛙卵通常经过8～20天后孵化成蝌蚪。

棘胸蛙的怀卵量，主要取决于个体重量。一般每只亲蛙的产卵数在200～600粒，个别高的可达1 000粒以上。此外，怀卵量还与雌蛙年龄、营养条件和生态环境等诸多因素有关。不同体重棘胸蛙的绝对怀卵量和相对怀卵量见表4-1。

从表4-1可看到，卵巢重量、绝对怀卵量、性腺成熟系数，均随着个体重量而增加。其相对怀卵量在151～200克体重阶段出现低值，

表 4-1　不同体重棘胸蛙的绝对怀卵量和相对怀卵量及成熟系数

个体重（克）	体长（厘米）	卵巢重（克）	空壳重（克）	绝对怀卵量（粒）	相对怀卵量(粒/克)	成熟系数（%）	样本数（个）
100 以下	10.7	4.95	87.1	348	3.81	5.35	2
101～150	11.4	10.7	110.2	503	4.55	8.73	16
151～200	12	15.5	158.9	593	3.35	8.83	12
201～250	13	22.4	202.8	1 244	5.41	10.2	5
250 以上	13.8	40	296	2 000	5.95	11.9	1

至 200 克以上，又大幅回升。生产中发现 100 克以下雌蛙产卵质量差，卵径小，孵化率低，怀卵不能产净。在进行人工繁殖时应选择个体在 200 克以上的亲蛙，此时其怀卵量大，卵子质量好，有利于孵化发育，获得高质量的苗种。

62. 棘胸蛙蛙池建设有什么要求？

养殖场地宜选择在排灌方便、环境安静、冬暖夏凉、不旱不涝、管理方便和防逃防害的地方。蛙池可建在室内也可建在室外（彩图9，彩图10），要求无太阳光直射，室外建池可在蛙池上搭建凉棚、附近种植藤类植物。建池注意规范化：一般以砖混结构为主，池内用水泥抹平光滑，有条件的还可以在池底和下部贴上光滑的瓷砖。池形以长方形为好，池底略向一侧倾斜至底部排水孔，利于排水。一般以规格为长 3 米、宽 2 米、高 0.8 米，池底倾斜度为 5% 的蛙池为好。池壁要求设限水位孔，用于调节水位，池上口设网盖，以防棘胸蛙潜逃和天敌侵袭，水位控制分种蛙池、蝌蚪池、幼蛙池和孵化池，一般种蛙池池底 2/3 有水，幼蛙池池底 1/3 有水，蝌蚪池整池底有水，水深 15～20 厘米，孵化池水深 30 厘米以上。池底要用瓷砖、竹筒、石块、木板等营造适宜棘胸蛙的生活环境，造就水、陆、石穴的生活条件。种蛙池光照强度以池高 0.8 米，面积 2～3 米²，池底铺垫鹅卵石和石块构成的石穴，并以水草隐蔽，利于棘胸蛙栖息产卵，池内水陆面积 2：1，要求池水容量相对稳定，水深 15～20 厘米，保持长流水。新建池不能立即使用，需长流水浸泡一个月以上，彻底除去碱性和有毒物质，方能使用。

63. 如何强化培育棘胸蛙亲本？

一是把握好放养密度。每池放雌蛙 20～30 只，雌雄比例 1：1。棘胸蛙的雌雄区别见表 4-2。二是保证饲料供应。种蛙以蚯蚓、黄粉虫、螃蟹、蝇蛆和昆虫等动物性饲料为主，5—9 月摄食量最大，发情期间，摄食量减少，产卵后食量增大。投喂量约为蛙体重的 5%～7%，以采食后略有剩余为宜。三是投喂要均衡。不可忽多忽少，依具体情况，适情增减，投料时间一般在 18：00—19：00，每天一次，定点投饲。种蛙在冬眠前应加强秋季饲养，使之膘厚体壮，保证安全越冬。3—5 月繁殖前要进行强化培育，要求饲料品种多样，营养丰富，以蚯蚓为主，搭配投喂黄粉虫等动物性饵料，对于性腺发育不好的种蛙，可以采用定期人工灌食的办法促进性腺成熟，主要为切成小段的泥鳅和小块猪肝。

表 4-2　棘胸蛙雌雄区别

区别特征	雌蛙	雄蛙
个体	一般较小	较大
背部	有分散的圆疣	有许多窄长疣
胸部	无棘突	有黑色棘突
腹部	细嫩光滑，呈白色，饱满膨大	粗糙，呈淡黄色
前肢	短小	粗壮发达
咽侧声囊孔	无	有
婚瘤	无	有
两眼有无肤棱	有	无

64. 如何挑选棘胸蛙亲本？

选择种蛙必须在种蛙冬眠复苏以后，配种繁殖之前，做好种蛙的选择和配种、产卵和孵化等准备工作。种蛙一般选择个体较大，身体健壮、皮肤光滑、发育良好、无残疾、无破损和达到性成熟的后备亲蛙，年龄在 2 龄以上，6 龄以下，2～3 龄种蛙繁殖力较强，产过 1～2 次的蛙产卵量较高，质量较好。初产蛙产卵量少，卵子小；个体大的老龄蛙产卵量多，但质量不好，受精率不高，一般都不选作种蛙。雄蛙要求前肢短粗，强壮有力，婚瘤明显，胸部黑刺发达，鸣声洪亮，体重 200 克以上；雌蛙要求体形丰满，腹部膨大柔软，卵巢轮廓隐约可见，用手摸富有弹性，体重 150 克以上。雌雄配比 1：1。

65. 如何进行棘胸蛙的自然产卵？

棘胸蛙自然产卵时间与个体成熟度和地域、海拔、温度有关。南方、海拔较低、开春水温上升快的地区较早，越往北越晚，海拔越高，水温上升慢的地区越晚。江西地区一般在 4 月清明前后棘胸蛙就开始发情产卵，持续到 9 月份。早期，产卵活动常在 03：00—08：00 进行；以后随着气温升高，日产卵时间逐渐前移。由于抱对过程长，可持续数小时，甚至 1～2 天，故有时在白天也可观察到亲蛙抱对。产出的蛙卵大多黏附在池壁和池中石块上。卵粒圆球形，外胶质膜将卵粒粘连在一起，产出的卵在 1 小时之内尽可能不要搅动，以免卵块破碎，降低孵化率。

人工诱导产卵的改进措施有：

（1）**种蛙池** 种蛙池为水泥池，面积 4～6 米²，池高 1.2 米，每平方米放 1～2 对种蛙，池底向出水口倾斜，进水口设在池子上方，可调节流水大小。池中放几块较大卵石，石上放一 0.5 米² 的木板为棘胸蛙陆栖地与饵料台。繁殖种蛙池建在室内，水温保持在 19～20℃，光照强度保持为 2 000～5 000 勒克斯，溶氧量在 5 毫克/升以上。

（2）**种蛙强化培育**　种蛙在开始繁殖前要进行强化培育，要求饲料品种多样，营养丰富，以蚯蚓为主，搭配投喂黄粉虫等动物性饵料，一般投饲量为亲蛙体重的 4%～5%。对于性腺发育不好的种蛙，可以采用定期人工灌食的办法促进性腺成熟，主要为切成小段的泥鳅和小块猪肝。

（3）**模拟山泉诱导**　进水口装一水龙头，向池中滴水，保持长流水，进行流水刺激，促进性腺发育，同时模仿自然界泉水声音与潮湿的自然环境。在繁殖季节，加大水流量，模仿雨季水流急促。

（4）**模拟雨声诱导**　棘胸蛙的繁殖季节是雨季，自然界的持续的雨声会促进性腺成熟，发情产卵。我们屋顶安装喷水装置，每天喷水 2 小时，起到模仿雨声的作用，促进棘胸蛙成熟产卵。

（5）**求偶声音诱导**　棘胸蛙在野外发情期雄蛙会发出"呱、呱"的叫声，以吸引雌蛙。而且在此声音刺激下，其他雄蛙也会跟着发声。所以在产卵季节的夜晚播放雄蛙求偶声能够促进棘胸蛙抱对行为。

66. 棘胸蛙如何进行人工催产产卵？

（1）**催产季节**　棘胸蛙催产时间一般依据雄蛙频繁鸣叫，亲蛙摄食量大大减少以及根据历年催产实践经验进行综合判定，多与当地鲤的产卵时间同步。同时要根据棘胸蛙性腺发育情况来定，成熟雌蛙体形丰满，腹部膨大、柔软，卵巢几乎充满整个腹腔，卵巢中绝大部分为大、中型卵粒。

（2）**催产药物及剂量**　一般药物和剂量为（均以每千克体重计）：LRH-A 50～60 微克；HCG 1 200 国际单位；15～20 个蛙脑垂体，雄蛙的脑垂体效果比雌蛙的差。6～8 个蛙脑垂体＋LRH-A 25 微克或 HCG 600 国际单位；LRH-A 25～40 微克＋HCG 1 250～2 500 国际单位。

（3）**注射方法**　蛙类催产注射方法有臀部肌内注射、腹部皮下注射和腹腔注射三种，生产上多采用后两种方法。①臀部肌内注射：从大腿内侧肌肉厚实处以 45°角刺入 0.7～1 厘米。②皮下注射。一人提住棘胸蛙，使其腹部朝上，另一人一手拈离腹表皮，另一手持注射器将针头朝向头部，与蛙腹面呈15°～30°角进针，不穿透腹部肌肉层，注入皮下。③腹腔注射。在腹中线偏左或偏右1～2厘米处按45°角进针，深度凭手感穿透腹部肌肉层。进针后徐徐注入药液，注射完毕后，快速拔出针头，并在退针处稍稍按一会儿，防止药液外溢。

注射时间多在16：00—17：00进行，一般水温16～20℃时，其效应时间为12～16小时，亲蛙在黎明前后进行产卵，与自然产卵时间相符合。不过，有时也出现延长至次日下午或第三日凌晨才发情产卵的异常现象。这是由于亲蛙性腺发育不好，精、卵质量较差，受精率和孵化率都较低。

亲蛙注射完毕，要暂围于清洁桶中休息片刻，然后按雌雄比例1：1投放在准备好的产卵池。

67. 怎样收集棘胸蛙蛙卵？

棘胸蛙卵呈球形，类似鱼眼，卵直径为2～3毫米，卵外层胶，质膜呈圆形，卵产出落水后，胶质膜吸水即膨大，卵胶质膜彼此相连成卵块，呈葡萄状，卵块吸附在产卵池内的石块和池壁上。

在产卵季节，要坚持每天巡池，及时搜集蛙卵，将黏附有受精卵的石块、砖头等转移到专门的孵化池进行孵化；或是等待2～3天受精卵的黏性减弱容易刮取时，将黏附在池壁及其他固着物上的卵细心取下，采卵时注意保持卵块的整体性，小心不要弄破、弄散和弄碎，置入预先准备的孵化框内孵化。

68. 棘胸蛙蛙卵孵化过程如何管理？

孵化池可以直接使用蝌蚪培育池，卵多放置在孵化框中孵化，每个池中放置多个40厘米×70厘米的孵化框，每个框放卵1 000～1 200粒。相近1～2天产出的卵，可作为同一批放在同一池内孵化，同天产的卵可放在同一个孵化框内孵化，以便于根据出苗情况调整各池蝌蚪放养量。受精卵的孵化需要一个弱光环境，孵化池最好建在室内，或者池上搭遮阳棚，有利于避免阳光直射和暴雨袭击。

孵化用水要求水质清新、无污染，溶解氧充足，保持微流水引流入池，水温低于25℃。进水要经3层过滤，第一层防止在蛙、蛇等大型敌害生物和树叶等污物进入，可用网目1～2厘米的铁丝网制作，第二层过滤要阻止小鱼虾、蝌蚪等敌害进入，用5～20目的聚乙烯网片制成。第三层过滤要控制枝角类、桡足类，以免其危害蛙卵及刚孵出的小蝌蚪，由60～70目的纱窗网制成。

孵化期间勤检查，特别注意洪水、泥浆水不能入池。防止卵块堆积重叠。定时测量水温、气温，观察水质和胚胎发育情况，做好记录，发现问题及时处理。孵化其间尽量减少对受精卵的操作，减少机械震动对胚胎育的影响。受精卵经10～15天的孵化出膜，刚孵化出来的小蝌蚪卵黄还没有完全吸收，身体细小，还不宜移出孵化框，需要在孵化框内暂养10天左右。刚出膜3天蝌蚪不摄食，靠吸收卵黄生长。卵黄吸收完后蝌蚪摄食卵膜，不需要投喂。7天后每1万尾投喂1个煮熟的蛋黄补充营养，训练摄食能力。待蝌蚪长到1.5～2厘米时蝌蚪有一定的游泳能力，能自主摄食就可以放入蝌蚪池培育。

69. 棘胸蛙蝌蚪池须满足哪些条件？

棘胸蛙蝌蚪培育池多用水泥池，面积4～10米²，不宜太大，池深60厘米，可以由孵化池直接转为蝌蚪池。由砖石构筑池底和四壁，水泥沙浆粉刷，最后用水泥浆抹平，要求池底光滑，不渗水，池底四边及角建成弧形。池底向出水口倾斜，便于变态时放低水位，露出陆地。进排水口对角设置，出水口建在池底一角，可调节水位，用网片扎好，以防蝌蚪逃逸；进水口设在水面上方，有利水体交换。池中放置几块卵石，池上建遮阳棚或栽种藤类植物。

70. 棘胸蛙蝌蚪分为哪几个生长期？

棘胸蛙蝌蚪生长发育要经历蝌蚪初期、前期、中期和后期四个阶段。

(1) 生长初期（1～10 天）　蝌蚪孵出后身体呈棕黄色，体长 0.6～0.8 厘米。呈鼓槌状，通常吸附在池底和卵膜上，很少活动，也不觅食，依靠吸收卵黄的营养生长，3 天后蝌蚪的活动量明显增加，并开始觅食，所食饵料以卵外胶质膜，可以少量投喂蛋黄浆。刚孵出的蝌蚪要求水温保持在 20～29℃，pH 6～8，每 1～2 天换一次池水，光照以室内自然光或室外凉栅下漫射光即可，应避免阳光直接照射，蝌蚪经过 10 天的生长发育可到 1～1.5 厘米长（彩图 11）。

(2) 生长前期（10～20 天）　蝌蚪 10 天以后，其采食量逐渐增大，生长发育加快，池内的卵外胶质膜已被食殆尽，蝌蚪开始找新的食物，但其消化功能仍然不强，此时饲养的好坏直接影响到蝌蚪的成活率。因此，在饲养上必须补充饵料，以满足其生长发育的需要，补料初期主要以高蛋白质流汁饵料为主，如蛋黄和豆浆，并辅以轮虫、藻类植物等，饵料投放时间白天或晚上均可，每天 1 次，但要定时，投饲量一般每 5 000 尾蝌蚪每天可投喂一只鸡蛋黄，通过精心饲养，蝌蚪到 20 日龄时，体长可达 2 厘米，体色变为淡棕色，背部有乳白色的花纹，身体与尾部交界外有明显的黑色 V 形花纹（彩图 12）。

(3) 生长中期（20～55 天）　20 日龄后蝌蚪可以停止投喂流质饵料，改喂糊汁饵料和团状、粉状饵料。这一时期的蝌蚪的饲养管理比较简单，开始以植物性饵料为主，动物性饵料为辅，逐渐过渡到动物性饵料，动物性饵料的增加会加速蝌蚪的变态，植物性饵料则能促进个体长大。管理上要注意保证池水清洁，不受污染，每天清除池内饵料残渣，饲养密度以 100～150 尾/米^2 为宜，这样蝌蚪就能正常生长发育，到 55 日龄有些蝌蚪长出后脚（彩图 13）。

(4) 生长后期（55～75 天）　也称蝌蚪变态期（彩图 14）。这一时期是蝌蚪转化为幼蛙的关键时期，蝌蚪在此期间长出后肢和前肢，并且由水生转化为水陆两栖。55 日龄左右，体长达 4 厘米以上，长出后肢，后肢长出后约 10 天（65 日龄）开始长前肢，前肢一长出，就停止觅食进入变态期。这一时期如果饲养管理不当，蝌蚪就难以变态或在变态中大量死亡，因此必须精心合理地饲养管理，在饲养上除投饲足够的植物性饵料外还要添加动物性饲料。

71. 怎样进行棘胸蛙蝌蚪期的培育管理？

蝌蚪长到 1.5～2 厘米时就要从孵化框转移到蝌蚪池中进行蝌蚪期的培育管理，这时期是蝌蚪生长的前期和中期。

（1）蝌蚪放养　棘胸蛙蝌蚪放养密度宜稀不宜密，放养密度过大会直接影响蝌蚪的生长与成活率。密度过大，投饵量增加，残饵与排泄物增多，容易污染水质，水温调节不好，容易发病引起蝌蚪死亡，同时还会出现大蝌蚪吃小蝌蚪现象。蝌蚪每平方米放养密度为 80～120 只。前期放养密度可以适当高一些，进入变态期后由于水位要大幅降低，露出陆栖地。放养的蝌蚪要求在孵化框中培育 10 天以上，规格在（2.35±0.04）厘米时下池。

（2）生活环境管理　蝌蚪池从低水位开始逐渐加到 30～40 厘米，保持水温稳定，光照强度可以提高到 8 000 勒克斯，以有利于浮游生物生长。定期测量 pH，要求 pH 在 6.5～8，如雨水进池，水质酸性过重，可以用 20 毫克/升生石灰水调节。蝌蚪养殖前期不需微流水，注意保持水质不能因投饵变坏，适时加水保持水温 23℃，至 6 月中旬，气温、水温升高超过 25℃，需流水保持水温在 23℃左右。

（3）营养管理　棘胸蛙蝌蚪进入生长前期（10～20 天）后，蝌蚪食量逐渐增大，生长发育加快，但其消化功能仍然不强，水体的天然饵料也不足以保证蝌蚪正常生长发育，必须补充投喂人工饵料，饲料以易消化的蛋白质食物为主，如红虫、蛋黄、蒸蛋、煮熟的鱼肉等动物性饵料。饵料投放时间白天或晚上均可，每天定时 1 次。蝌蚪游泳能力弱，养殖中除了改小养殖池外，还需要做到定点投喂，训练蝌蚪的定点定时摄食能力，保证蝌蚪同步生长。投饲量一般为每 5 000 尾蝌蚪每天一只鸡蛋黄大小的食物。到 20 日龄时，蝌蚪进入生长中期（20～55 天），蝌蚪的消化功能不断增强，为促进蝌蚪消化道的尽快发育，适应两栖类蝌蚪期摄食植物的特性，20 日龄后蝌蚪可以增加投喂植物性饲料，如熟番茄、南瓜等，此后每隔 5 天投喂一次韭菜，直至长出前肢，有助于增强蝌蚪的抗病能力。每天投喂一次，每 500 尾蝌蚪投喂一个鸡蛋大小食物团。到 55 日龄有些蝌蚪长出后脚。

蝌蚪进入变态期，此时蝌蚪对蛋白质及钙质的要求更高，此时要投喂一些高钙高蛋白质的食物，如鱼肉、螺蛳等，有利于促进骨骼生长。蝌蚪长出前肢后，停止喂食，蝌蚪主要靠吸收尾部等体内储存的营养生长。

掌握好合理的投饲量，不可过少过多，每天定点投喂一次，每次投喂量均衡，随日龄增长而逐渐适当增加，在蝌蚪采食旺季，或变态前后，应更严格做好投喂管理工作，以防各种疾病的发生或因环境条件的不适而带来不必要的损失，早期孵化的蝌蚪应加强饲养，促其当年变态，晚期孵化的蝌蚪应合理控制饲喂量，不使其当年变态，让蝌蚪越冬，以降低死亡率。

(4) 日常管理　棘胸蛙蝌蚪在养殖过程中，除严格掌握以上饲养管理技术以外，还必须做好防敌害工作，如鼠、蛇和鸟的危害，以减少不必要的损失，提高养殖效益。

72. 怎样进行棘胸蛙蝌蚪的变态期管理？

(1) 变态期环境管理　蝌蚪长出后肢，进入变态期，此时要降低水位，保持蝌蚪池有 1/2～1/3 的陆地，让蝌蚪变态上岸。此时蝌蚪体质很弱，需要保持水温 23℃以下，特别注意春季蝌蚪变态正在高温期，注意水温调节。池中放几块露出水面的小石块作为变态幼蛙的栖息地。

(2) 光照管理　降低光照强度至 3 000 勒克斯左右，保持流水，池中陆地部分要保持湿润。

(3) 饵料投喂　由于蝌蚪的变态是不同步的，即使是同一日龄的蝌蚪，早变态的已长出四肢，而迟变态的仍是长尾一条。因此就整个池而言，还要继续投喂，投喂量要逐渐减少，直到变态完成。这个阶段池中会有大量残饵，又由于池中水位降低，蝌蚪密集，水质易败坏，需加大流水量，保持池水洁净。

蝌蚪变态阶段是其一生最脆弱的时期，体质很弱，易患病，不宜搬动，未长前肢时可以投喂一些高钙高蛋白质饵料和一些增强抗病力的药物，如鱼肝油、酵母粉、多维。

（4）**变态控制**　棘胸蛙繁殖盛期分在春季清明前后和秋季8—9月份，养殖中要求加快春季蝌蚪的培育，促进蝌蚪早变态成幼蛙，有利于培育健壮的幼蛙越冬；延迟秋季蝌蚪的发育，使之以蝌蚪形态越冬，有利于提高越冬成活率。由于棘胸蛙蝌蚪的变态受温度、饵料营养以及放养密度等因素的影响，我们可以通过营养和环境条件的控制来调节蝌蚪发育速度。春季孵化的蝌蚪通过提高光照强度到8 000～9 400勒克斯，提高水温至23℃，增投高蛋白质饵料等方法缩短蝌蚪生长期。秋季孵化的蝌蚪，通过降低光照强度2 000～3 000勒克斯，降低培育期间水温18℃以下，减少动物性食物摄入，增投植物性食物等方法延长蝌蚪生长期，不使其当年变态，以蝌蚪越冬。

73.　棘胸蛙蝌蚪变态后如何管理？

蝌蚪变态后称为幼蛙，刚变态的幼蛙体质很弱，易患病，不宜搬动，且体型小，体长不到1厘米，体重在2克左右，比原来的蝌蚪还小，采食量和消化力都不及变态前的蝌蚪。不宜急于捕捉转池，应留在原池喂养一段时间，待体长长到1.5厘米后，体质健壮再捕捉转池。

（1）**水质管理**　蝌蚪变态后，池中应放石块并降低水位，露出部分陆地，利于幼蛙登陆。要保持水质清新，及时吸出水中残饵，保持流水，可以适当加大水流量。

（2）**饵料投喂**　幼蛙饵料有蝇蛆、黄粉虫和蚯蚓等活动性饵料。幼蛙开始觅食量很少，一般每2天采食一次，每次只能吃1条2日龄的小蝇蛆，或小蚯蚓或黄粉虫。饵料的投喂时间在傍晚天黑前，投料量视其采食量而定，一般保持池内略有饵料剩余为宜。10天以后，幼蛙进入正常的活动和觅食状态，每只蛙每天可食一条4日龄的蝇蛆，幼蛙在1月龄之内喂蝇蛆为主，1个月以后可以投喂日本太平2号蚯蚓，以后以蚯蚓为主料，一般不喂蝇蛆，到1.5个月以后，可以喂给本地小蚯蚓，随着幼蛙日龄的增长和体重的增加，所投喂的蚯蚓也要不断地增粗，且喂量也要不断加大。

（3）**幼蛙捕捉**　捕捉幼蛙宜在阴天或者晚上、气温低时进行，这样可减少蛙的死亡。排干池水，未变态的蝌蚪会随水流至近出水口低凹处，然后搬移池中的石块等障碍物，即可进行捕捉；晚上用手电筒强光照射捕捉。因幼蛙在强光刺激下伏地不动，更容易捕捉，蛙体不易受伤，成活率较高。在捕捉转池前 1～2 天，停止投喂饵料，以免捕捉时对幼蛙造成伤害。

74. 怎样进行棘胸蛙幼蛙养殖？

棘胸蛙蝌蚪刚变态完成变成幼蛙只有 2～3 克，不适合直接进行大面积仿生态养殖，需要进行一段时间小池培育，使之长到 20～50 克，有一定的活动能力后才可以进行增殖放流和成蛙养殖。我们把棘胸蛙蝌蚪完成变态后长至 20～50 克，这一阶段称之为幼蛙培育阶段。当年春季产蝌蚪在 9～10 月完成变态，其幼蛙培育阶段要经历冬季至第二年才能完成。

（1）幼蛙池 幼蛙培育池要求水泥池（彩图 15），池的四角建成弧形，面积不能太大，3～6 米² 为佳，池高 0.8～1 米，水深 10～15 厘米，水陆比为 1：1。池底略向排水口倾斜，排水口用网片拦住，以防幼蛙潜逃，进水口设于排水口对角上方，保持长流水，水流可滴溅到陆栖地上，保持陆栖地的湿润。水中放卵石，卵石上放置木板，木板下可作为幼蛙的隐蔽洞穴，木板上可作为饵料台。幼蛙池可建于室内，也可建在室外，室外池可以采取加罩黑色遮阳网或搭棚架种植葡萄瓜果等措施防暑，以利幼蛙白天也能正常活动、摄食，保持光照强度 5 000 勒克斯。水质清新，pH 6～7.5，水温在 25℃以下。放养前 10 天将蛙池灌满水，浸过陆栖地及里面的设施，用生石灰或漂白粉按养殖池塘常规用量及方法进行蛙池消毒，7 天后放掉池水，再漫灌一次，保持长流水，毒性消失就可放蛙。

（2）幼蛙放养 刚变态的幼蛙，经过一段时间的培育应及时收集，转入幼蛙池饲养。放养密度为 200～250 只/米²，个体稍大时，可放养 100～150 只。幼蛙下池前应剔除病伤和畸形个体，并用 2%食盐水和 10 毫克/升的高锰酸钾溶液浸泡 10 分钟。此外，要求同池幼蛙规格基本一致。池中放养 2～5 条小规格鲤，可以摄食水中散落的饵料生物。

（3）分级饲养　随着幼蛙个体的增大，会出现大小不一的情况，要定期按规格大小归类分池饲养，以免幼小的蛙抢不到食，影响生长和成活率。具体做法是每月1次将池中个体较大和生长慢、个体小的蛙挑出来分开到相应规格蛙池中饲养，同时将密度分稀。挑选时间多选在晚上，晚上棘胸蛙出来摄食活动，用强光手电筒照射，很易捕捉。

75. 棘胸蛙幼蛙管理有何要求？幼蛙池卫生如何保证？

蝌蚪在池中已变态成幼蛙，应随时收集，及时转入幼蛙池饲养。幼蛙下池前应剔除病伤和畸形个体，并用2%食盐水和10毫克/升的高锰酸钾溶液浸泡10分钟。管理上要注意保持池周安静和光线暗，白天采取避光措施，池水深一般为10～15厘米，水质要求与蝌蚪期相同，禁用含氯自来水，为防鼠害，蛙池上口加盖上纱窗盖，防止潜逃，同时做好防冻防暑工作。

幼蛙生长最适水温为16～24℃，注意保持池周安静，池水深一般为10～15厘米，换水视水温和水质变化定，20～26℃时每天换水一次；在夏季高温期应加大水流量，提高水位，水深保持10～20厘米，采取活水饲养。水池和饵料台应定期地进行消毒，每隔一天清洗一次蛙池，特别是高温，蛙活动采食的旺季，更应做好消毒防预工作以减少疾病的发生。此外，池中放养2～5条小规格鲤，可以摄食水中散落的饵料生物，保证蛙池卫生。

76. 棘胸蛙幼蛙对饵料的要求有哪些？

幼蛙只吃活动性饵料为主，主要有蝇蛆、黄粉虫、蚯蚓和昆虫等。刚变态的幼蛙体型很小，体长1厘米左右，体重在2克左右，比原来的蝌蚪还小，采食量和消化力都不及变态前的蝌蚪，觅食量很少，一般每2天采食一次，每次只能吃1条2日龄的小蝇蛆或小黄粉虫。饲料的投喂时间在傍晚天黑前，投料量视其采食量而定，一般保持池内略有饵料剩余为宜。10天以后，幼蛙就进入正常的活动和觅食状态，每只蛙每天可食1条4日龄的蝇蛆，幼蛙在1月龄之内以喂蝇蛆和黄粉虫为主。1个月以后可以投喂太平2号蚯蚓，以后可以投喂蚯蚓和黄粉虫，到1.5个月以后，可以喂给本地小蚯蚓，随着幼蛙日龄的增长和体重的增加，投喂量也要不断加大。到2月龄以后就可投如筷子粗细的蚯蚓。

饲喂幼蛙时在投饵方式上注意将活的饵料投放在池内食台上，不能直接投到池水中以免污染水质，并应掌握定位、定时、定量和定质的原则，每日投饵在傍晚前后，按体重的5%～7%进行投喂，同时也因个体大小、食欲、气候、气温和数量而酌情增减，当水温达14℃开始投饵，要求所投喂的活饵大小适口，日投喂量为体重的3%～5%。当水温高于28℃时，不投喂饵料。

77. 棘胸蛙成蛙养殖有哪些方式？

目前棘胸蛙成蛙养殖方式主要有以下几种。

（1）水泥池养殖 室内室外均可，室外水泥池要注意池上遮阳，不能有强光直射蛙池。多见于进行棘胸蛙苗种生产的蛙场。

（2）仿生态养殖 成蛙及后备亲蛙培育多采用仿生态养殖。

（3）野外封沟养殖 一般见于商品蛙的生产，可以于其中择优选作种蛙。

78. 水泥池怎样养殖棘胸蛙？

水泥池养殖方式与幼蛙养殖相似，养殖池面积可以适当加大一些。

（1）蛙池建设 面积一般为4～20米^2，池深1～1.2米，水深10～15厘米，池四周和中间留有一定的陆地，水陆面积比为1：1，池子建设与幼蛙池相同。放养前要对蛙池用石灰水或漂白粉浸泡消毒。

（2）幼蛙放养 水泥池商品蛙养殖放养密度一般为80～120

只/米²。规格为 20～50 克/只，或是直接从幼蛙养殖转入成蛙养殖。下池前用 2％食盐水和 10 毫克/升的高锰酸钾溶液浸泡 10 分钟。此外，要求同池幼蛙规格基本一致。池中放养 2～5 条小规格鲤，可以摄食水中散落的饵料。

（3）饵料投喂情况　饲养管理方法与幼蛙后期基本相同，饲喂时将活的饵料投放在池边食台上，不能直接投到池水中以免污染水质，并应掌握定位、定时、定量和定质的原则，每日投饵在傍晚前后，按体重的 5％～7％进行投喂，同时也因个体大小、食欲、气候、气温和数量而酌情增减，饲料要求种类丰富，新鲜营养，每周补充一次鱼肝油或维生素。

（4）水质管理　保持长流水，隔几天洗一次池，尤其雨后要洗池去泥沙，每池放养 2～10 尾小规格鲤或鲫摄食残饵，有利于保护水质。夏季气温高时，加盖遮阳网，或在棚顶喷洒井水，保持水温不大于 28℃。

79. 室外仿生态养殖棘胸蛙有哪些技术措施？

（1）养殖环境　棘胸蛙养殖场要求建设在周围环境僻静，林木茂盛，冬暖夏凉，生态环境良好，交通便捷，有山溪水、冷泉水或地下水的地方，多建在山区。特别要求水源充足，常年能保持长流水，无有害有毒物质，周围无污染源，水温稳定，一般夏季最高水温应低于 30℃。

（2）养殖池的建设与准备　仿生态养殖池多建在室外，面积以 20～50 米² 为宜。池周以砖砌或以网片、石棉瓦等材料建设高 1.2 米的防逃围栏。四角建成弧形，砖砌围墙下部 40 厘米以水泥抹平，网片围栏下部 40 厘米用黑色塑料膜缝一圈。围墙、围栏不能有缝隙，以免棘胸蛙逃逸。池中挖深 20～50 厘米长方形或回形水沟，水沟面积占总面种 50％以上，水沟上方安装进水管，最低处设排水孔，进、排水管要设在对角位置，进、排水管均要用网片扎好，既防逃，又防敌害生物进入。水沟最好用水泥浇筑，便于清洗，沟内设棘胸蛙隐蔽洞穴，如用石棉瓦遮在沟沿。陆栖地上设两个食台，一边一个，还可以种植一些不易被蛙损坏的植物，如葡萄、芭蕉、树木等，可以起到遮阳作用。池上方设遮阳棚和防护网，防止老鼠、蛇、鸟等敌害生物进入。放养前10天将蛙池灌满水，浸过陆栖地及里面的设施，用生石灰或漂白粉按养殖池塘常规用量及方法进行蛙池消毒，7天后放掉池水，再漫灌一次，保持长流水，毒性消失就可放蛙。

(3) 幼蛙放养　放养时剔除伤残、畸形的幼蛙，选择规格整齐、体质健壮、色泽光亮的幼蛙。规格 20g/只以上。放养密度根据水沟面积确定，每平方米放养 80～100 只。放蛙时间为阴天或傍晚、清早没有太阳的时候。蛙种放养前用 3％～4％食盐溶液或用 10～15 毫克/升的高锰酸钾溶液浸泡 10～15 分钟。

(4) 饲料投喂　饲料以黄粉虫等鲜活饵料为主，活饵要求大小适口。在适温范围内，日投喂量为蛙体重的 5％～10％，在温度高于 30℃时，可以不投喂。平时应根据天气水质和蛙的摄食情况，酌情增减，做到适量、均匀。

(5) 日常管理　保持常年微流水，要求水质清新、溶解氧充足、水温稳定，进水经 17～20 目的筛绢过滤，防止敌害生物及污物进入。特别注意盛夏季，水温过高，可以通过加大水流量或抽取地下深井水调节水温。每池放养 2～10 尾小规格鲤或鲫摄食残饵，有利于保护水质。棘胸蛙的白天多隐藏在石穴中，不易观察，故日常管理中不要惊扰棘胸蛙。主要注意防逃防盗，发现围栏破损及时修补；发现蛙离群独处、不躲藏，多为病蛙，要及时捞出隔离。棘胸蛙晚上活跃、摄食，投喂时间多为傍晚。

(6) 分级饲养　随着幼蛙个体的增大，会出现大小不一的情况，要定期按规格大小归类分池饲养，以免幼小的蛙抢不到食，影响生长和成活率。具体做法是每月 1 次将池中个体较大和生长慢、个体小的蛙挑出来分开到相应规格蛙池中饲养，同时将密度分稀。挑选时间多选在晚上，晚上棘胸蛙出来摄食活动，用强光手电筒照射，很易捕捉。

80. 怎样进行棘胸蛙野外封沟养殖？

棘胸蛙生态封沟养殖，就是因地制宜利用山区谷地特殊的地理环境，营造适合蛙类栖息活动的场所养殖棘胸蛙。

（1）环境条件　选择封沟场地的基本条件是：森林茂密，水质清新，无污水排放等。在谷沟内要求长年不断有溪水流入，即使在冬季枯水期也有足够的流量，不会断流。还应有陆地、土堆、洞穴等。棘胸蛙有喜凉怕热、怕干燥和怕强光等生理特性，因此，封沟内的草地面积同样是选场的重要条件之一。它包括森林和林下植被两部分。森林以阔叶和针叶混交林为好，林下的植被要求草本植物茂密，湿度大，以招引昆虫等小动物在此生长繁殖，为棘胸蛙提供新鲜的活饵料。场地位置宜选择东西向或东南向的谷地，尽量避开西北和南北向，以避免寒流袭击。因为气温低，水面容易结冰，影响棘胸蛙越冬。

（2）蛙池建设　封沟养殖场所可以完全利用天然条件，还可以进行适当改造，以更利于棘胸蛙栖息生长。

①饲养池。谷地山沟就是棘胸蛙天然的饲养池。这里的流水要求长年不断，水深达 30～40 厘米，这样才适合棘胸蛙的生活栖息。不过在谷口应用塑料网衣做围栏，防止棘胸蛙外逃，但谷口和围网外的水道要贯通，这样可使山水源源不断地流入沟。同时，为了扩大养殖面积，还可在封沟范围内的平缓地带，挖掘人工水潭，并在溪涧旁和水潭边用砖石和水泥板搭建人工洞穴，供棘胸蛙隐蔽栖伏。

②越冬池。又称冬眠池，这是棘胸蛙冬眠的地方。山涧溪流是棘胸蛙的天然越冬池。为了使棘胸蛙安全越冬，养殖场应根据需要建一处或数处越冬池。保持长流水，规格为 20 米×40 米，可作为 5 万～30 万只成蛙的越冬场所。越冬池的深度为 1.5 米左右，冬天冰下水深应保持 1 米深左右。池底铺一层厚约 5 厘米的阔叶树叶作为冬眠隐蔽物，在养殖场内河流的深水处筑坝，将水位保证在 2 米左右，也可用作棘胸蛙冬眠池。

③围栏。封沟养蛙需将山涧溪流沟谷和周围的林地用塑料薄膜或网衣封围起来，使之成为一个半封闭式的天然养蛙场。谷口用网片拦住，防止棘胸蛙顺水逃逸。谷地两过和谷尾一般不用围栏，因棘胸蛙只会向谷口方向逃逸，极少从谷尾跳走，也不会翻过两过的山顶，迁移至另一山顶。即使为了觅食跳往半山腰，只要上面无积水潭也会很

快回到谷地的溪涧处。围栏直接关系到棘胸蛙资源的保护以及养蛙产业的经济效益，其作用在于通过围栏管理，防止养殖区的棘胸蛙大量外逃，以及防外来人员闯入围栏区偷捕棘胸蛙。建围栏的方法很多，如围墙法、挖沟法及塑料薄膜围栏法等，目前普遍采用的方法是塑料薄膜围栏法，围栏高为 1.5 米左右，这种方法既简便又经济。

(3) 棘胸蛙的放养　封沟养殖的放养密度，要根据蛙的生态环境的优劣程度而定。如水沟流量大、水深、陆生植物多、昆虫资源丰富，放养密度可大些，反之可小些。在较优的生态条件下，每平方米放养幼蛙 5～10 只为宜，放养规格基本要求一致，防止出现大蛙吃小蛙现象。

(4) 饲养管理　封沟养蛙是一种粗放型的养殖方式，面积大，范围广，蛙群分散，管理上有一定困难，因此要加强管理，防止蛙群逃逸和各种敌害的侵害。为此，在幼蛙放养前，要在围栏区内进行彻底的清野除害，消灭蚂蟥、鼠类、蛇类、鸟类及肉食性鱼类等敌害生物。在投放蛙苗后，更要加强管理，要有专人日夜巡逻，发现围栏漏洞要立即修补，见到敌害要及时捕捉，以确保蛙类安全。这是管理工作的重中之重。

棘胸蛙喜欢阴凉、潮湿的环境，因此，在夏天应用毛竹和遮阳网在山沟上搭遮阳棚，或在山沟栽种速生常绿蔓藤作物（如丝瓜、南瓜等），使水沟保持清凉。冬天水温降至 10℃左右时山沟里的棘胸蛙即趋于冬眠状态，因此要加深水位，使之达到 1 米，以防天气变化而引起水温突变。利用人工筑造的洞穴给棘胸蛙越冬的，要控制水位略低于洞穴，不能将洞穴淹没在水体中，以防棘胸蛙窒息死亡。另外，还可在水沟周围向阳避风处开挖洞穴，覆盖稻草、杂草等或搭建塑料棚、草棚、草垛之类的御寒保温设施，供棘胸蛙避寒越冬。越冬期间还要重点防止鼠类等侵害。

封沟养殖的棘胸蛙除了做好日常管理外，还要定时投喂活饵，因封沟养殖数量大，天然饵料远远不能满足其生长发育的需要。千万不要投喂死饵，因为在天然环境下，棘胸蛙是不吃死饵的，投喂死饵只会造成浪费和污染。一般每隔 5～6 天投喂 1 次活饵，可以定点投喂，也可分散投喂。

81. 棘胸蛙怎样越冬？

冬季寒冷时棘胸蛙幼蛙都蛰伏起来，不吃不动，双眼紧闭，对外界没有反应。棘胸蛙的越冬比较简单，室内室外均可，一般采用加深水位越冬。越冬时水深提高到 0.8～1 米，采用长流水，蛙池加盖黑色遮阳网，保持阴暗环境，如发生水表面结冰则应将冰面敲破，以使水体有一定的氧气交换，不至于使蝌蚪和蛙窒息死亡。冬眠期间不需喂料。越冬时应保持环境安静，防御敌害，及时捞除死蛙，防止水质变坏。

有条件的地方可利用各种保温设备，如温室和热水管道等，或者利用温泉水、工厂余热水来提高池水温度，棘胸蛙可不冬眠而继续活动和摄食，以利加快其生长，缩短养殖周期。

82. 棘胸蛙怎样运输？

(1) 蝌蚪的运输 从蝌蚪孵出后 20～25 天至后肢开始长出这段时间内都可运输。一般采用尼龙袋充氧运输，既方便又安全，方法同鱼苗运输。装运密度是：每千克水装载 3～5 厘米长的蝌蚪 40～60 尾；6～8 厘米长的蝌蚪 2～30 尾；8 厘米以上的蝌蚪 15～20 尾。如运输距离和时间过长，还需要在尼龙袋外加冰降温。

(2) 幼蛙的运输 幼蛙运输宜在气温低于 25℃ 或雨天进行。装运工具以通气的箱、竹篓、泡沫盒和平底容器为妥，淋湿，预先垫入湿水草或湿网袋，然后将蛙分别放在草上，再盖一层水草，或直接装入湿网袋中，放入容器。要求遮光、透气，装运密度以不拥挤为原则。如运输数量多，气温较低时，箱承重可重叠，运输时要快装、快运和快下池，涂中要注意淋水，以保持幼蛙皮肤湿润，换水或淋水不可用含氯的自来水。注意带冰运输时不得使冰块接触蛙体。

(3) 成蛙的运输 成蛙运输方法和幼蛙运输相仿，但为了避免挤伤蛙体，可将箱内隔成小格，再将每只蛙放入纱绢小袋中，分别放入各小格中运输（彩图 16）。

83. 怎样培育蝇蛆?

苍蝇的幼虫称为蝇蛆。蝇蛆体内含丰富的蛋白质和动物必需的氨基酸、维生素和无机盐等营养物质,它皮肤软、个体小,是棘胸蛙喜食的一种鲜活饵料。蝇蛆的培养方法有三种:一是土堆育蛆法,二是蝇笼育蛆法,三是缸盆育蛆法。用粪料育蛆,蝇蛆一般带细菌较多,投喂前最好能用清水洗干净,还要用 0.1% 高锰酸钾漂洗 3 分钟。

(1) 土堆育蛆法 用发酵过的鸡粪、猪粪或食品厂的下脚料(如酒糟、酱油渣、醋糟)、屠宰场的下脚料等,摊于地上,诱集自然界的苍蝇在其上产卵。一般每千克料在 7 天内可收获 150 克左右的蝇蛆。采用此法的关键是要及时收获蝇蛆,及时拿去喂蛙。否则,人工生产的大量苍蝇飞出养蛙场,将给人们带来极大危害。也可把培养蝇蛆的料放入筛内,将筛放在容器之上,或挂于养蛙池水面上方 30 厘米处,利用蝇蛆的避光性与钻孔性,从筛上钻出,落入容器或饵料台上,作为蛙的活饵料。大多养殖户把育蛆土堆用网片或蚊帐密闭,或者直接置于密闭的室内,引进种蝇,可有效地避免苍蝇四处乱飞。

(2) 蝇笼育蛆法 用铁条做若干个长为 60 厘米,宽、高各为 40 厘米,四周用尼龙纱窗密封的蝇笼,笼的一侧开一个直径为 20 厘米的圆洞,用一个两头空的布筒,一端缝在洞边上,供添加培养料用。每笼可养种蝇约 1 万只。

种蝇的饵料为奶粉、红糖。每 1 万只种蝇每日用奶粉 5 克、红糖 5 克,以适量的水煮沸,凉后装入一个小盆内,其中放几根短稻草,供种蝇舐吸。另用一个较深的小盆或碗,内装含水量 70% 的麦麸或米糠,放在笼内供种蝇产卵用。在 24~33℃ 条件下,雌种蝇每只每次产卵约为 100 粒,卵呈块状。每天从蝇笼内取出有卵的麸、糠料,放在育蛆料(鸡粪与猪粪的比例为 1∶2)上孵化,料厚约为 7 厘米,湿度约为 70%,温度为 18~33℃,经 3~22 小时可孵出幼虫。4~5 天后幼虫吃粪料后生长至化蛹前,即可采收。每 500 克粪料可养出蝇蛆约 10 000 条,平均每条重为 20~25 毫克,总重为 200~250 克,即料蛆比约为 2∶1。

种蝇一生产卵5～6次，7～10天后即开始衰老。此时可将蝇笼用热开水处理，杀死衰老的种蝇，然后再装入新种蝇。

(3) 缸盆育蛆法　将动物尸体或内脏放入缸盆等容器中，引诱苍蝇产卵。在30℃下，约4天即有大量蛆长成，便可挖出喂蛙。

84. 怎样养殖黄粉虫?

由于棘胸蛙不食死饵，人工养殖中大多养殖户是以黄粉虫作为其主要饵料。因此进行棘胸蛙养殖需掌握黄粉虫的养殖技术。

黄粉虫成虫体长而扁，长1.4～1.8厘米，黑褐色具有金属光泽，头部为前口式，唇基两侧不超过触觉基部。成虫在羽化过程中，头、胸、足为淡棕色，腹部和鞘翅为乳白色，开始虫体稚嫩，不愿活动，2～3天后颜色变深，鞘翅变硬，灵活但不飞，爬行较快。经精心喂养后，黄粉虫成虫群体交尾、产卵。成虫每次产卵2～4粒，每只雌虫产卵300～600粒，散产于饲料底部的筛网上，成虫期为60天左右。在25～32℃下成虫产卵最多，质量也高，低于15℃很少交配产卵，低于10℃不交配产卵。卵白色椭圆形，大小约1毫米，卵期8～10天。幼虫棕黄色，体长2～3厘米，体节较明显，有3对胸足，在第9腹节有一双尾突。黄粉虫幼虫孵出时为黄白色，逐渐变为棕黄色，平均9天蜕一次皮，每蜕一次皮为一龄，共脱7次皮，最后一次蜕皮后在饲料表层化蛹。幼虫期约为60天，蛹白色，后变白黄色，体节明显，蛹期为12～15天。

(1) 种虫　养殖黄粉虫最重要的是种虫，成龄幼虫、蛹、成虫都可作种虫。饲养到不同虫期，按黄粉虫的养殖技术要求，认真挑选蛹、成虫，除去病虫，筛好卵，使各虫期同步繁殖，达到提纯复壮。买到成龄幼虫后，将其放入盛有麦麸的木盘中喂养，添加鲜菜。认真观察化蛹情况，当盘里出现化蛹情况时，再将筛盘放入盛有饲料的木盘中，待蛹羽化成成虫。如此时也买到蛹，将它与2天内化的蛹放在一起，每0.5千克蛹放在一个盛有麦麸的筛盘中，再放在盛有饲料的木盘中，编号上架，待其羽化，注意清除死蛹。再如买到成虫，将其放在盛有饲料的筛盘中，每隔7天，将成虫筛出换盘。筛下的饲料中混有卵，放在木盘中，继续孵化，经过细心挑选和饲养的各期虫，都可以作种虫繁殖，不过最好还是幼虫作种虫为好，运输也方便。

（2）饲料 黄粉虫的主要饲料是麦麸，也可用一些辅助饲料以糠麸、各种饼粕类、秸秆型饲料等。菜类如白菜、萝卜、甘蓝等青叶菜都可以。这些饲料可以满足虫体对蛋白质、维生素、微量元素及水分的需要。为了提纯复壮种群，加快繁殖生长，可在饲料中添加少量葡萄糖粉、鱼粉等。0.5千克黄粉虫在一代周期中可吃掉麦麸1.5千克，菜1千克。

（3）设备 ①养殖黄粉虫必须有饲养房，要透光、通风，冬季需取暖保温。饲养房的大小，可视养殖黄粉虫的多少而定。一般情况20米^{2}能养300～500盘。②饲养黄粉虫的木盘为抽屉状木盘，一般是长方形，规格是长80厘米，宽40厘米，高8厘米。板厚为1.5厘米，底部用纤维板钉好。筛盘也是长方形，需要把它放在木盘中，长宽高分别为75厘米、35厘米、6厘米，板厚为1.5厘米，底部用10目铁筛网用三合板条钉好。制作饲养盘的木料最好是软杂木，而且没有异味。为了防止虫往外爬，要在饲养盘的四框上边贴好塑料胶条。③摆放饲养盘木架根据饲养量和饲养盘数的多少，制作木架，用方木将木架连接起来固定好，防止歪斜或倾倒。然后就可以按顺序把饲养盘排放上架。④卵盘、分离筛子用粗细不同的铁筛网，10目是用作卵筛用，12、14、16目分别是用来分离不同龄段的虫子，40、50、60目用来筛虫粪，100目用来倒成虫。40目中孔的筛大虫粪。60目的小孔筛网，可筛1～2龄幼虫。⑤饲养房内部要求一年四季温度都要保持在15～25℃。低于5℃虫不食也不生长，超过35℃虫体会发热烧死。湿度要保持在50%～70%，地面不宜过湿，冬季要取暖，如冬季不养可自然越冬。夏季要通风。室内应备有温度计、湿度计。

（4）养殖技术

①成虫期。蛹羽化成虫的过程需3～7天，头、胸、足、翅先羽出，腹、尾后羽出。因为是同步挑蛹羽化，所以几天内可全部完成羽化，刚羽化的成虫很稚嫩，不大活动，约5天后体色变深，鞘翅变硬。雄雌成虫群集交尾时一般都在暗处，交尾时间较长，产卵时雌虫尾部插在筛孔中产出，这个时期最好不要随意搅动。发现筛盘底部附

着一层卵粒时，就可以换盘。这时将成虫筛卵后放在盛有饲料的另一盘中，拨出死虫。4天换一次卵盘。成虫存活期在60～90天，产卵期的成虫需要大量的营养和水分，所以必须及时添加麦麸和菜，也可增加点鱼粉。若营养不足，成虫间会互相咬杀，造成损失。繁殖用成虫饲养密度为5 000～10 000只/米^2。

②卵期。成虫产卵在盛有饲料的木盘中，将换下盛卵的木盘上架，即可自然孵化出幼虫，要注意观察，不宜翻动，防止损伤卵粒或伤害正在孵化中的幼虫。当饲料表层出现幼虫皮时，1龄虫已经诞生。

③幼虫期。卵孵化到幼虫，化蛹前这段时间称为幼虫期，成虫产卵的盘，孵化7～9天后，待蜕皮体长达0.5厘米以上时，再添加麦麸和鲜菜。每个木盘中放幼虫1千克，密度不宜过大，防止因饲料不足，虫体活动挤压而相互咬杀，随着幼虫的逐渐长大，要及时分盘。麦麸是幼虫的主要饲料，同时也是栖身之地，因此饲料要保持自然温度。在正常情况下，当温度较高时，幼虫多在饲料表层活动，温度较低时，则钻进下层栖身。木盘中饲料的厚度在5厘米以内，当饲料逐渐减少时，再用筛子筛掉虫粪，添加新饲料。3龄前的幼虫用100目筛网，3～8龄用60目筛网，10龄以上可用40目筛网，老熟幼虫用普通铁窗纱，防止幼虫从筛孔漏掉。要先准备好盛放新饲料的木盘，边筛边将筛好的净幼虫放入木盘上架。筛虫粪时应观察饲料是否吃完，混在粪中的饲料全部被虫子食尽时再筛除虫粪。特别要注意的是，在喂菜叶及瓜果皮以前，应先筛出虫粪，以免虫粪粘在菜叶及含水饲料上。虫粪沾水后很快会腐烂、变质，造成污染。黄粉虫幼虫生长要突破外皮（脱皮），经过一次次蜕皮才能长大。幼虫期要蜕7～12次皮，每蜕一次皮，虫体长大，幼虫长1龄。平均8天左右蜕一次皮。幼虫蜕皮时，表皮先从胸背缝裂开，头、胸、足部，然后腹、尾渐渐蜕出。幼虫蜕皮一般都在饲料表层，蜕皮后又钻进饲料中，刚蜕皮的幼虫是乳白色，表皮细嫩。幼虫的饲养密度一般应保持在每平方米3.5～6千克的虫子重量。幼虫个体越大，相对密度应越小一些。室温高、湿度大时，密度也应小一些。

④蛹期。幼虫在饲料表层化蛹。在化蛹前幼虫爬到饲料表层，静

卧后虫体慢慢伸缩，在蜕最后一次皮过程中完成化蛹。化蛹可在几秒钟之内结束。刚化成的蛹为白黄色，蛹体稍长，腹节蠕动，蛹体逐渐缩短，变成暗黄色。幼虫个体间均有差异，表现在化蛹时间的先后，个体能力的强弱。刚化成蛹与幼虫混在一个木盘中生活，蛹容易被幼虫咬伤胸、腹部，吃掉内脏而成为空壳；有的蛹在化蛹过程中受病毒感染，化蛹后成为死蛹，这需要经常检查，发现这种情况可用0.3%漂白粉溶液喷雾空间，以消毒灭菌。同时将死蛹及时挑出处理掉。挑蛹时将在2天内化的蛹放在盛有饲料的同一筛盘中，坚持同步繁殖，集中羽化为成虫。

(5) 管理的措施　在黄粉虫的养殖过程中，掌握好养殖技术和管理措施十分重要，它关系到黄粉虫繁殖的速度、虫体质量、经济效益等问题。①禁止非饲养人员进入饲养房。必须进入室内的人员，最好在门外消毒。②在黄粉虫的生活史中，四次变态是重要的环节，掌握好每个环节变态的时间、形体、特征，就能把握养殖的技术。③饲料要做到新鲜，糠麸不变质，青菜不腐烂。④在幼虫期，每蜕一次皮，更换饲料及时筛粪，添加新饲料。在成虫期饲料底部有卵粒和虫粪，容易发霉，要及时换盘。⑤为了加快繁殖生长，对幼虫、羽化后的成虫，在饲料中适当添加葡萄糖粉或维生素粉、鱼粉。每天都要喂鲜菜。⑥饲养人员每天都要查看各虫期情况，如发现病虫、死虫应及时清除，防止病菌感染。⑦黄粉虫的养殖要按计划进行。饲养虫量及各龄的幼虫数量都要有完整的记录，才能保证黄粉虫养殖的成功。

第五章 蛙类病害防治

85. 蛙类的天然敌害有哪些?

蛙类整个生命史要经历卵、蝌蚪、蛙等三个重要时期。这些时期均有其特别的天然敌害。

(1)蛙卵期 蛙卵期的主要敌害是杂食性鱼类、其他蛙类、大型蚤类和水生昆虫等。

(2)蝌蚪期 蝌蚪期的主要天然敌害有各种鱼、龟、鸟类、蚂蟥和水生昆虫等。其中以水生昆虫威胁最大,常随水或杂草、天然饵料等进入养殖池,对蝌蚪的为害极大。最常见的有龙虱(水蜈蚣)、水龟虫、负子蝽、划蝽、蜻蜓等。因此,蝌蚪放养前,需用生石灰清池(50~70千克/亩),一旦发现蛙池中有水生昆虫,可用网捞起杀死,或用0.5~0.7毫克/升的90%晶体敌百虫全池泼洒,24小时内可杀死。

(3)蛙期 蛙期的两栖特性决定了其天然敌害较多,常见的有乌鱼等肉食性鱼类、蛇类、蚂蟥、龟鳖类、鼠类、水獭、黄鼠狼、猫以及鸟类等。一些大型的蛙类也可捕食幼蛙。

86. 影响养殖蛙类病害发生的因素有哪些?

影响养殖蛙类病害发生的因素主要有环境因素、生物因素、管理饲养因素和自身因素。

(1)环境因素 环境包括有养殖场所、气温、人为干扰、养殖水环境等相关因素。这些不但影响蛙的生长,也能导致蛙类病害发生。假如我们满足棘胸蛙所需的环境条件,就可增强棘胸蛙抵抗能力,相对削弱致病生物的侵袭能力，其中水的温度、酸碱度（pH）、溶解氧、硫化氢和甲烷等有毒气体、汞铅等重金属以及农药等，可以直接造成棘胸蛙得病或死亡。

（2）生物因素　生物因素包括病毒、细菌、霉菌和寄生虫。这些生物有些是肉眼看不见的，有些是肉眼可见的（霉菌、大型寄生虫）。一般存在于饵料、工具、养殖水体中，有些也可随人、水、动物等带入养殖场所。这些生物中只有少部分表现为致病，大部分为兼性致病。只有在环境（养殖环境）恶化、蛙类免疫力低下和营养不良时转变成致病性。平时，健康蛙在良好的养殖环境中与其接触，虽有感染也不发病。

（3）管理饲养因素　在蛙养殖过程中，饲养管理不当等人为因素往往会引起蛙类发病与死亡。如不合理的放养密度，投饵不科学（腐败变质，饥饱不匀，缺乏某种维生素和矿物元素所致的代谢疾病等），操作不当造成蛙类机械性的损伤等均会引起蛙类发病与死亡。

（4）自身因素　蛙类自身存在先天不足也会导致免疫系统受损。免疫功能低下，继而暴发过敏性疾病和其他生理性疾病。如蛙类种质退化，体质低下同样会引起生理紊乱，即使在相对良好的环境中，也极易受到疾病的侵袭。

87. 蛙类的常见疾病有哪些类型？

蛙类的疾病主要分五种类型：一是真菌引起的疾病，如水霉病、鳃霉病；二是细菌引起的疾病，如出血病、肠胃炎、腐皮病、红腿病等；三是由病毒引起的疾病，如蛙虹彩病毒病；四是由寄生虫引起的疾病，如车轮虫病等；五是由其他原因引起的疾病，如中暑、气泡病等。

88. 蛙类疾病的防治方法有哪些？

蛙病防治的原则为"预防为主，防治结合"。对于蛙类疾病的防治方法重点在于防。蛙类疾病的防治方法如下。

（1）注重预防　蛙病的预防的方法有：①总结蛙类病害发生规律及进行流行病学调查，在疾病流行季节开展药物预防。②放养前彻底清池，定期进行水体、消毒，工具使用前消毒。③制订合理的养殖方案，包括放养健壮的种苗和合理的密度，制订合理的投喂方案和投喂质优量适的饵料。④精心管理，包括每天检查蛙类活动情况及身体健康情况，注意水体水质情况。⑤在饲料中拌喂预防药物，如三黄散、酵母片、维生素、微生物制剂等。⑥部分疾病可以通过注射疫苗进行预防。

（2）正确诊断　发现蛙类摄食、生活、生长状态等不正常，需要立刻进行诊断，确定问题根源所在。确定问题根源外可以针对不同的问题采取不同的处置手段。

（3）切断传染源　切断传染源首先是人、工具、物品等进入养殖场需要经过消毒。其次为由外地引进的蛙需要经过检疫及隔离养殖观察后方可进入养殖场养殖。最后是要建立隔离养殖区，将发生病害的蛙池进行整体转移隔离，防止其扩散传播，原池进行彻底消毒。

（4）药物治疗　病害发生时需要准确判定病害种类，对症进行药物治疗。

89.　**蛙类病害的检测方法有哪些?**

（1）肉眼观察　对蛙类肉眼检查的主要内容有：①观察蛙（蝌蚪）的体型，注意其体型是瘦弱还是肥硕，体型瘦弱往往与慢性型疾病有关，而体型肥硕大多是患的急性型疾病；蛙（蝌蚪）腹部是否膨胀，如出现膨胀的现象，应该查明膨胀的原因究竟是什么；此外还要观察是否有畸形。②观察蛙（蝌蚪）的体色，注意体表的黏液是否过多，皮肤是否完整，机体有无充血、发炎、脓肿和溃疡的现象出现，眼球是否突出、发白，肛门是否红肿外突，体表是否有水霉、水泡或者大型寄生物等。③观察蝌蚪鳃部，注意观察鳃部的颜色是否正常，黏液是否增多，鳃丝是否出现缺损或者腐烂等。④解剖后观察内脏，若是患病蛙（蝌蚪）比较多，仅凭对鱼体外部的检查结果尚不能确诊，就可以解剖检查内脏。解剖的方法是：将蛙腹部朝上，四肢打开，从肛门沿腹部中部剪开，从腹腔中取出全部内脏，将肝胰脏、脾脏、肾脏、胆囊、鳔、肠等脏器逐个分离开，逐一检查。注意肝胰脏有无淤血、肿大，消化道内有无饵料、出血，肾脏的颜色是否正常，腹腔内有无腹水等。

（2）**显微镜检查**　在肉眼观察的基础上，从体表和体内出现病症的部位，用解剖刀和镊子取少量组织或者黏液，置于载玻片上，加1～2滴清水，从内部脏器上采取的样品应该添加生理盐水，盖上盖玻片，稍稍压平，然后放在显微镜下观察。特别应注意对肉眼观察时有明显病变症状的部位作重点检查。显微镜检查特别有助于对原生动物等微小的寄生虫引起疾病的确诊。

此外对于肉眼及显微手段检查后并不能确诊的病害，可以进一步采用免疫学、血清学、病原学及分子生物学等方法进行检查。

90. 从哪些途径预防蛙类病害？

（1）**保持良好的养殖环境**　养殖场应选择在水源充足、水质良好、温度适宜、湿润、安静、无污染和无噪声等适宜养殖蛙类生长的场地。各池进排水方便、独立，进水要用纱绢过滤，防止病原体从水源中带入。建有围墙或围栏以防逃逸和敌害侵扰。

保持蛙的生活环境的清洁卫生，定期清除池底过多的淤泥和污物，及时捞出池中残饵、病死蛙和水面杂物。定期加注清水及换水，保持水质肥、活、爽、嫩。定期对蛙池进行消毒，pH 偏高时用碳酸氢钠，pH 偏低时用生石灰，这样既可调节蛙池的 pH，又可减少病原感染蛙体。放养密度适宜，规格一致，到一定大小时要及时分级、分稀饲养。在捕捉、运输等操作过程中，要谨慎小心，蛙池的墙面和池底要求光滑，避免蛙体受伤。

各类工具使用前均需要消毒，捞斗等使用频率较高的工具均需要专池专用。养殖场所入口需设立消毒池，人员进入需消毒；定期对养殖环境设施等消毒。

（2）**增强蛙体抗病力**　蛙病的发生在一定程度上取决于蛙体的健康程度和自身的免疫力。种质优良、体质健壮、免疫力强抗病力强；

种质退化、体质瘦弱就容易患病。种蛙、幼蛙要求体格健壮，体表完好、体色有光泽、有活力。投放营养合理的优质饵料，饵料要求搭配合理，严格执行"定时、定量、定位、定质"的投饵原则，保证饵料营养全面新鲜，而且不带病原。

（3）控制和消灭病原体　蝌蚪、蛙放养前养殖池要彻底清池，消毒。蛙池排干水，清整塘基、清理淤泥，使用生石灰、漂白粉等消毒药物全池泼洒消毒。使用方法可以参照鱼类池塘消毒方法。水泥池使用消毒剂浸泡1天后，清洗干净，加入清水即可放蛙。

种蛙、幼蛙、蝌蚪等在其他场所引入需经过病原检疫，种蛙、幼蛙、蝌蚪需消毒后方能放入养殖池。蛙体消毒一般采用药浴即浸泡的方法，即用一定浓度的药物溶液浸泡蛙体一定时间。常用的方法有：用2%～4%食盐水浸泡15～20分钟，或用10～20毫克/升高锰酸钾浸浴15～20分钟，或用10～15毫克/升漂白粉溶液浸浴12～20分钟，或用6毫克/升硫酸铜溶液浸泡10～30分钟。定期对水体消毒，杀灭水中病原体，预防蛙病发生。每天清除残饵及清洗食场，定期对食场及其周围进行消毒，用量要根据食场大小、水质及水温而定。

（4）消灭或驱除敌害　敌害是蛙类养殖中必须时刻注意的问题，不但捕食蝌蚪、蛙类，有些敌害还会带来蛙类疾病，一旦发现必须尽早用药物消灭或人工驱除。

（5）订立和严格执行检疫制度　目前国际间和国内各地区间水产动物的移植或交换日趋频繁，为防止病原随着动物的运输而传播，必须遵守《中华人民共和国动物检疫法》。

91. 怎样调控蛙类养殖水环境？

蛙虽然为两栖动物，蛙与蝌蚪均需生活于水中，特别是蝌蚪阶段离不开水，使用鳃呼吸。所以养殖水体水质的好坏直接影响着蝌蚪和蛙的生长健康。

（1）蝌蚪养殖水质调控　大部分养殖蛙类的蝌蚪培育类似于鱼苗养殖，养殖水要求"肥、活、嫩、爽"，既要保持有一定肥度，又要保证水质清新、溶氧量高。早期的蝌蚪对溶氧量要求高，所以水中的溶氧量须保持在 3 毫克/升以上，30 日龄以后的蝌蚪，由于肺逐渐发达，蝌蚪可到水面呼吸空气中的氧气，水中溶氧量保持 1.5 毫克/升以上即可。水中 pH 应保持在 7.5～8.5。水质调控的关键点是根据水色和水质以及蝌蚪的生长情况调节水质。当透明度小于 30 厘米时，要加注新水，一般每 5～7 天加水 15 厘米左右。在蝌蚪培育前期，一般要遵循多施肥、少投饵、少换水的原则。每天泼施经发酵腐熟的人畜粪肥 50～75 克/米^2，以促进水中浮游生物生长繁育，保证有丰富的天然饵料供应蝌蚪；同时视情况，少量地投饵和加注新水。在饲养中、后期，随着蝌蚪的生长，其食量不断增大，水中天然饵料已无法满足生长需要。此时已经进入炎热的夏季，池塘水质转肥，此时应以投饵为主，相应地减少施肥，并多注水，加大换水量，逐渐加深水位，以起到增加溶氧量和调节水温的作用，至蝌蚪变态前，池塘水深可达 1 米左右。在池上搭盖遮阳棚，池面投放水生植物，防止强烈阳光直射和水温升得过高，影响蝌蚪生长。对于棘胸蛙等生长于山溪的蛙类，其蝌蚪培育要求水温在 25℃以下，多采取流水养殖。

（2）蛙池水质调控 一般养蛙池由于水量少，养殖密度大，投饵量大，残饵、排泄物多，水质容易变坏，因此在蛙养殖期间要特别注意水质管理，密切注意蛙池水质的变化。一般 1 周左右加换水一次，每次的换水量控制在 20％之内，通过换水达到排污和调节水温的目的，保持水质清新。一般养殖前期控制水深为 10～15 厘米，随蛙体生长，逐渐加高水位，成蛙期保持水深 40 厘米左右。夏季高温期，加深池水，有条件的可采取微流水形式降低池水温度，或每天换水一次，池中水面放养水葫芦等挺水植物，占到水面面积的 70％，起净化水质和遮阳降温的作用。可在食台上方搭设遮阳棚，防止水温过高。每半月使用一次微生物制剂改善池内水质状况。

92. 怎样防治蛙卵水霉病？

蛙卵水霉病主要由水霉菌感染引起。当水质差，天气不正常时，死的受精卵先被水霉感染，继而感染周围的正常卵引发水霉病，严重影响蛙卵孵化，受感染的卵发白且四周长出白毛，形成太阳卵。

防治方法：①彻底清塘消毒，保持水质清洁，孵化卵密度合理，防止霉菌污染。②孵化用水需经过杀菌过滤（60 目网片），保持充足的溶氧量（5 毫克/升以上）；检查卵孵化情况，及时捞出死卵、坏卵。③蛙卵入池前可用 1％食盐水浸洗 10 分钟。④五倍子末 0.3～0.5 毫克/升，每天 1 次，连续 2～3 次。

93. **怎样防治蝌蚪水霉病？**

蝌蚪水霉病多由蝌蚪受到外伤引起，症状是患病蝌蚪尾部体表水霉菌丝大量繁殖生长，有肉眼可见的棉絮状白毛，蝌蚪焦躁不安，食欲减退，体质日渐消瘦，进而衰竭死亡。使此病以冬末早春流行最盛。

防治方法是：①用生石灰彻底清池消毒。②捕捉、运输蝌蚪时，操作要轻微细致，避免体表损伤。③用 1.4～3 毫克/升五倍子全池泼洒。④受伤的蝌蚪和蛙可用 1％的紫药水涂抹伤口，或用 5～10 毫克/升高锰酸钾溶液浸洗 30 分钟。

94. **怎样防治蝌蚪气泡病？**

多发生在水温高、池水氮素含量高的养殖池，由于水中腐殖质过多，池水过肥，有机质发酵产生气泡被蝌蚪吞食所致。症状是蝌蚪腹部膨胀如球，失去平衡，浮于水面，若不及时抢救则造成死亡。

防治方法是：①清除池底淤泥和过多的水草。②把池水换掉或加注新水，将发病的蝌蚪移至清水中暂养 1～2 天。③患病蝌蚪集中放入清水中，加入 20％浓度的硫酸镁浸泡。④每立方米水体用 4 克的食盐化水泼洒。⑤水深 1 米的蝌蚪池每亩用生石膏 4 千克、鲜车前草 4 千克，加水 30 千克磨成浆液，全池泼洒。⑥高温期间每隔 2～3 天加注清水一次。

95. **怎样防治蝌蚪车轮虫病？**

此病是由车轮虫寄生而引起，多发于密度大、发育迟缓的池中。

发病时蝌蚪游动缓慢，全身布有车轮虫，肉眼观察可见其尾鳍外膜发白，常漂浮于水面。

防治方法：①合理放养密度，适时分池稀养；②发病初期可用0.7毫克/升硫酸铜和硫酸亚铁（5：2）合剂全池泼洒；③每立方米水体用切碎的韭菜0.25千克，与黄豆混合磨浆，全池泼洒，连续两天，可控制死亡。

96. 怎样防治蝌蚪出血病？

多发生在蝌蚪尾芽期，传染性大，2～3天死亡率达到80%。患病蝌蚪腹部、尾部出现血斑块，腹部肿大，表面有斑点状出血；眼球有时充血，表面覆盖有一层红色黏膜。轻压则虹膜脱落，眼球突出；表皮有溃烂、充血现象。解剖可见大量腹水，肠充血，严重时呈紫红色；肝紫红色，或土黄色，胆汁呈淡绿色。发病蝌蚪濒死前在水面打转，数分钟后下沉死亡。

防治方法：目前没有良好的防治方法，疾病发生时需要立即进行隔离。①用链霉素药液浸泡患病蝌蚪。每万尾用100万单位链霉素药液浸泡30分钟，可控制病情发展；②保持池水清洁，定期用三氯异氰尿酸0.5毫克/升全池泼洒，对该病有很好的预防作用。

97. 怎样防治蝌蚪烂鳃病？

与鱼类烂鳃病类似，细菌和车轮虫也可以引起蝌蚪烂鳃。所以发现蝌蚪烂鳃时，需进行镜检以确定是否由车轮虫引起。如果发现有车轮虫，可以参照车轮虫病的防治方法进行处理。如并未发现车轮虫，且鳃两侧充血发红，鳃黏液分泌过多、粘有污物，呼吸频率加快，有的轻压鳃部有血样黏液从鳃孔中流出，则多为细菌感染引起。

防治方法：①用二氧化氯0.3克/米^{2}全池泼洒，2天后根据病情重复上述用药方法1次。②在停食2天或3天后，每100千克蝌蚪用氟苯尼考1克/天拌饵投喂，连续投喂7天，同时适量添加大蒜素、高稳维生素C等；或者在饵料添加0.2%的维生素C及莨菪类药连续投喂 7 天；症重者可重复使用一次。

98. 怎样防治蛙类红腿病？

蛙类红腿病病原为嗜水气单胞菌，蛙从蝌蚪到成蛙整个过程均易患此病。四季流行，夏季为高峰期。病蛙腹部及腿部肌肉点状充血，严重时全部肌肉呈红色，肠道充血。蛙体瘫软无力，活动迟缓，不吃食。此病多发生在密度高的蛙池中。

预防主要方法：①合理修建蛙池，蛙池底部、墙面要光滑，角设计成圆角，以免蛙堆积受伤；每个池要有独立的排水和进水管道。②蛙池使用前要使用生石灰、氯制剂等彻底消毒；养殖过程中定期换水、消毒，每周用 1 毫克/升的漂白粉或 0.3 毫克/升二硫羟基甲烷全池泼洒。③放养密度合理，尽量较少扎堆，饵料营养搭配要全面。

治疗主要方法：①全池泼洒三氯异氰尿酸或碘制剂，用量为三氯异氰尿酸每立方米水体 0.3 克，碘制剂（以碘计）每立方米水体 0.2～0.5 克；同时内服氟苯尼考和多维，用量为每千克体重 20～50 毫克，连用 5～7 天。②将患病蛙捞起，使用 10%～15% 生理盐水浸泡 15～20 分钟，连续浸泡 3 天。③发病蛙池中蛙全部转移至另一蛙池后，使用 10 毫克/升硫酸铜溶液全池泼洒。④100 千克饲料中加入 30 克磺胺脒或 30 克四环素，连喂 5 天。⑤用 1%～1.5% 食盐水浸洗病蛙 5～10 分钟。⑥口服增效磺胺，50 克以下小蛙每天每只 1/4 片，50～100 克蛙每天 1/2 片，100 克以上的蛙每天 1 片，连喂 2 天，第一天药量加倍。

99. 怎样防治蛙类腐皮病？

病原为奇异变型杆菌（*Proteus mirabilis*）和克氏耶尔森氏菌（*Yersinia kristensenii*），是一种危害性严重的传染性疾病，此病分营养性腐皮病和细菌性腐皮病。营养性腐皮病因缺乏维生素而引起，细菌性腐皮病是由于蛙相互撕咬、机械损伤、碰伤导致皮肤破损，病菌乘虚而入。患病初期头部的背面皮肤失去光泽，出现花纹状白斑，接着表皮层脱落，真皮层开始腐烂，露出肌肉，逐渐蔓延全身，直至死亡。营养性腐皮病还表现为视力下降，瞳孔出现粒状突起，初呈黑色，后变成白色。喜潜居阴暗处，不吃，不动，不肯下水。死亡率高。

防治方法：①保持池水清洁卫生，经常用生石灰、漂白粉等消毒剂对全池或食台、幼蛙聚集处消毒。②在饲料中经常投喂维生素 A，饲料力求全面营养、多样化；③患病初期可在饲料中添加鱼肝油制剂，病情严重时加入抗菌消炎药；用二溴海因 0.44 毫克/升全池泼洒；④把病蛙集中在 20 毫克/升的高锰酸钾溶液中浸泡 15 分钟。

100. 怎样防治蛙类肠胃炎？

初期病蛙躁动不安，喜钻泥或草丛角落，后期瘫软无力，静卧池边或浅滩，惊扰时无反应，剖开蛙肚可见胃肠充血发炎，肛门红肿。此病发生快，危害大，常发生在前肢长出，呼吸系统和消化系统发生变化时。常发生在春夏和夏秋之交，容易传染，造成死亡。摄食变质饲料也会引起该病。

防治方法：①经常清洗饵料台和更换池水，保持池水清新。②饲料的原料要好，不喂发霉变质的饲料。③用 1 毫克/升漂白粉或 0.3 毫克/升二硫羟基甲烷全池泼洒消毒，进行水体消毒。④病蛙喂酵母片，每日 2 次，每次半片，连喂 3 天。⑤发病后，取黄连素、复合 B 族维生素粉碎，加少量水混匀，切入少量切细的猪肺或蚕蛹内，搅拌均匀，连续投喂 7～12 天，治疗效果 75％左右。⑥人工填喂胃散片 2 次，每次半片，3～4 天可治愈。

101. 怎样防治蛙类脑膜炎？

蛙类脑膜炎病即歪头病，病原为脑膜炎败血黄杆菌。症状表现为病蛙肤色发黑，精神不振，行动迟缓，厌食，肛门红肿，眼球外突，双目失明，头歪向一边，病蛙在水中身体失去平衡，腹部朝上，浮于水面，有时在水中不停打转。解剖可见肝脏发黑，脾脏缩小，脊柱两侧有出血点和血斑。主要危害 100 克以上成年蛙，发病时间多在 7—10 月。

防治方法：①对患病蛙要隔离处理，设计独立的隔离池；对病死蛙要覆盖生石灰深埋或者烧毁。②定期对养殖水体和养殖设施消毒，选用氯制剂、碘制剂等进行全池消毒，用量为氯制剂（以氯计）每立方米水体 0.3 克。

药物防治主要有：①水体消毒，选用氯制剂、碘制剂等进行全池消毒，用量为三氯异氰尿酸每立方米水体 0.3 克，碘制剂（以碘计）每立方米水体 0.2～0.5 克。②在饲料中添加氟苯尼考，用量为每千克体重 20～50 毫克，连用 5～7 天。

102. 怎样防治蛙类肝炎?

由细菌感染所致，当蛙池长期不清池，水质恶化时易发该病。病蛙外表无明显症状，体色失去光泽，呈灰黑色，食欲欠佳，口腔时常有带血丝的黏液吐出，并伴有舌头和胃从口腔中吐出的现象。伏于草丛等阴湿处，四肢无力，肌体瘫软如一团稀泥，肝脏严重变色，呈灰白色或紫黑色，肠道失血呈白色，少量可见紫色充血；胆汁浓，呈墨绿色；肠回缩入胃中，呈结套状。

防治方法：①彻底清塘消毒，保持水质清洁，定期换水，使蛙保持一个良好的生活环境。②避免投喂变质饵料杜绝将病死的水生动物作为蛙的饵料。③在选购蛙种苗时，避免引入病蛙，种苗在入池前有 20 毫克/升高锰酸钾浸泡 15～20 分钟。④发病时用 0.3 毫克/升的三氯异氰尿酸或 0.2～0.3 毫克/升二溴海因全池泼洒。⑤早上每 100 千克蛙用诺氟沙星 4～5 克拌饵投喂，晚上用中药大黄 50 克、黄芩 30 克、黄柏 20 克浸汁抖饵投喂，连续 6 天为 1 个疗程。只要蛙还吃料，轻者 1 个疗程、重者 2 个疗程即可控制或治愈该病。

103. 蛙类营养性疾病有哪些特征?

（1）肝肿大症状 病蛙呈肥胖状，后肢粗大，手压有硬感，皮肤微红，解剖可则肝肿大、腹水等。此病主要由营养不平衡引起，可以改投全价营养饲料，补充一些鲜活饵料。

（2）营养性腐皮病 是由于饲料单调而缺乏多种维生素特别是维生素 A、维生素 D 而发病。可投喂全价饲料，适当添加多维（或鱼肝油）和一些抗菌药物。

（3）投喂变质饲料引起的蛙肠胃炎 应不投喂腐烂变质饲料，内服土霉素、强力霉素，按 0.2% 的量添加入饲料制成药饵，每天一次，连喂 3～5 天有效。

104. 怎样选择蛙类病害防治药物？

（1）不选禁用药物 在蛙类病害防治过程中不能使用禁用药物。目前禁用药物主要有：①激素类：如己烯雌酚及其盐、酯和制剂，醋酸甲孕酮及其制剂，甲基睾酮，丙酸睾酮，氯丙嗪，地西泮等。②抗生素类：如氯霉素、红霉素、呋喃唑酮类、磺胺噻唑、磺胺脒、喹乙醇、甲硝唑、环丙沙星等。③消毒和杀虫剂类：如五氯酚钠、孔雀石绿、硝酸亚汞等。

（2）对症选药 根据蛙类病害的种类以及病害程度选择药物。如为寄生虫疾病则选择杀虫药物，如为细菌性疾病则选择抗病菌药物和消毒药物。同时根据病害程度选择药性不同的药物。

（3）要符合安全性、有效性、经济性和方便性 首先，选择的药物要对蛙类自身以及环境安全，同时要不妨碍食品的安全性。其次，选择的药物要对病害有效，并且经济易得。最后，选择的药物要方便获得，同时使用方便。

第六章　蛙类加工和市场营销

105. 目前食用蛙类主要消费市场分布在哪里？

食用蛙类主要是指牛蛙（*Rana catesbeiana* Show）、青蛙（黑斑蛙，*Rana nigromaculata* Hallomell）、虎纹蛙（*Rana tigrina rugulosa* Wiegmann）、美国青蛙（*Rana grylio*）、蟾蜍（癞蛤蟆，*Bufo bufo gargarizans* Cantor）、林蛙（*Rana temporaria chensinensis* David）、石蛙（棘胸蛙，*Rana spinosa* David）等，目前在我国均有养殖。石蛙消费市场主要在我国南方地区，其他食用蛙类消费市场基本上分布在全国各地的酒店、餐馆和居民家庭。

106. 食用蛙类生产苗种场有哪些？

食用蛙类生产苗种场主要有 6 大类，其中牛蛙苗种生产场主要分布在广东省汕头市澄海区溪南镇云英村；青蛙苗种场主要分布在山东省济宁市鱼台县；虎纹蛙苗种场主要分布在广东佛山高明区杨和镇洞美村；美国青蛙苗种场主要分布在江西省宜春市袁州区；蟾蜍苗种场主要分布在重庆市忠县石宝镇共和村；林蛙苗种场主要分布在辽宁兴城市高家岭；石蛙苗种场主要分布在江西省宜春市明月山风景区等。

107. 目前我国蛙类是否有加工厂？如果有是在哪里？

目前，我国蛙类加工厂基本上是停留在简单粗加工的基础上，还没有真正形成蛙类产品深加工厂。但也有几家大型加工厂，主要是：吉林省蛙王生物工程有限公司，主要从事林蛙的深加工；长白山生态食品有限责任公司，主要从事林蛙的深加工；广东汕头市顺发牛蛙加工厂，主要从事牛蛙的深加工。还有金坛市永乐牛蛙养殖专业合作社，主要从事牛蛙的粗加工；长沙市雨花区晖恒食品商行，也是从事牛蛙的粗加工；海南晓康水产公司，主要从事黑斑蛙的粗加工。

108. 从哪里可以学习食用蛙类养殖技术？

培训场所分三类：①生产苗种的繁殖场和养殖场均能提供养殖技术培训和实习。②各地农业（渔业）行政主管部门在新型农民培训过程中会安排一些涉及实用蛙的养殖技术培训内容。③农业部农民科技教育培训中心和中国中央电视台的农业技术推广栏目也会播出相应内容。

图书在版编目（CIP）数据

食用蛙高效养殖新技术有问必答/戴银根主编 . —
北京：中国农业出版社，2017.2（2019.6 重印）
（养殖致富攻略·一线专家答疑丛书）
ISBN 978-7-109-22710-1

Ⅰ.①食… Ⅱ.①戴… Ⅲ.①蛙类养殖—问题解答
Ⅳ.①S966.3-44

中国版本图书馆 CIP 数据核字（2017）第 019694 号

中国农业出版社出版
（北京市朝阳区麦子店街 18 号楼）
（邮政编码 100125）
责任编辑　郑　珂
文字编辑　陈睿颐

中农印务有限公司印刷　新华书店北京发行所发行
2017 年 3 月第 1 版　2019 年 6 月北京第 3 次印刷

开本：880mm×1230mm 1/32　印张：3.125　插页：2
字数：80 千字
定价：18.00 元
（凡本版图书出现印刷、装订错误，请向出版社发行部调换）

彩图 1 水泥池饵料投喂

彩图 2 池塘围栏养殖

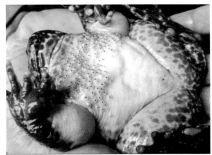

彩图 3 棘胸蛙外部形态

彩图 4　棘胸蛙网箱养殖

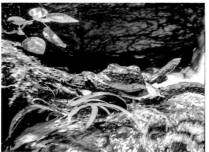

彩图 5　棘胸蛙蝌蚪的形态　　　　　彩图 6　棘胸蛙的栖息环境

彩图 7　棘胸蛙的人工投喂

彩图 8　棘胸蛙的抱对

彩图 9　棘胸蛙室内养殖池

彩图 10　棘胸蛙室外养殖池

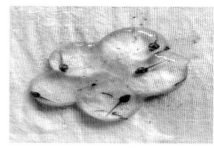

彩图 11　蝌蚪生长初期

彩图 12　蝌蚪生长前期

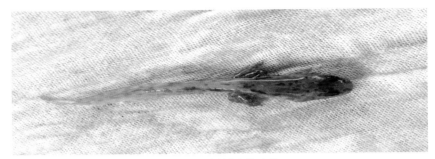

彩图 13　蝌蚪生长中期

彩图 14　蝌蚪生长后期

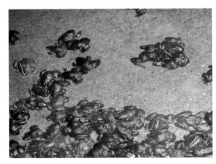

彩图 15　棘胸蛙幼蛙的饲养

彩图 16　棘胸蛙的运输设备